21世纪高职高专规划教材

计算机应用系列

SQL Server 2012
实例教程

王爱赪 王 耀 主 编
金 颖 郭 峰 副主编

U0341645

清华大学出版社

北 京

内 容 简 介

本书采用任务驱动、案例教学法，以 SQL Server 2012 为平台，主要介绍：SQL Server 数据库与表的创建和管理、SQL 的简单查询和高级查询、视图与索引创建和管理、存储过程与触发器的应用、数据库安全管理和日常维护等数据库基础知识，并通过指导学生实训、加强实践、强化技能培养。

本书既可作为专升本及高职高专院校信息管理、工商管理、电子商务等专业教学的首选教材，也可用于广大企事业单位 IT 从业人员的职业教育和在职培训，并为社会数据库技术爱好者和程序员实际工作提供有益的参考。

本书封面贴有清华大学出版社防伪标签，无标签者不得销售。

版权所有，侵权必究。举报：010-62782989，beiqinquan@tup.tsinghua.edu.cn。

图书在版编目（CIP）数据

SQL Server 2012 实例教程/王爱赪，王耀主编. --北京：清华大学出版社，2015（2020.9重印）
21 世纪高职高专规划教材·计算机应用系列
ISBN 978-7-302-40269-5

Ⅰ. ①S… Ⅱ. ①王… ②王… Ⅲ. ①关系数据库系统－高等职业教育－教材 Ⅳ. ①TP311.138

中国版本图书馆 CIP 数据核字（2015）第 106452 号

责任编辑：田 梅
封面设计：傅瑞学
责任校对：刘 静
责任印制：宋 林

出版发行：清华大学出版社
　　　网　　　址：http://www.tup.com.cn，http://www.wqbook.com
　　　地　　　址：北京清华大学学研大厦 A 座　　　　邮　　编：100084
　　　社 总 机：010-62770175　　　　　　　　　　　邮　　购：010-62786544
　　　投稿与读者服务：010-62776969，c-service@tup.tsinghua.edu.cn
　　　质量反馈：010-62772015，zhiliang@tup.tsinghua.edu.cn
　　　课件下载：http://www.tup.com.cn，010-62795764

印 装 者：北京九州迅驰传媒文化有限公司
经　　　销：全国新华书店
开　　　本：185mm×260mm　　　印　　张：19　　　字　　数：431 千字
版　　　次：2015 年 6 月第 1 版　　　　　　　　印　　次：2020 年 9 月第 2 次印刷
定　　　价：54.00 元

产品编号：063912-02

编　委　会

主　任：牟惟仲

副主任：林　征　　冀俊杰　　张昌连　　林　亚　　鲁瑞清　　吕一中
　　　　梁　露　　张建国　　王　松　　车亚军　　王黎明　　田小梅

编　委：侯　杰　　王　阳　　孟乃奇　　高光敏　　马爱杰　　张劲珊
　　　　孙　岩　　赵立群　　董　铁　　吴　霞　　刘靖宇　　刘晓晓
　　　　王爱颖　　金　颖　　侯贻波　　关　忠　　董晓霞　　付　芳
　　　　于洪霞　　金　光　　都日娜　　李　妍　　李　毅　　赵玲玲
　　　　董德宝　　高　虎　　唐宏维　　李雪晓　　韩金吉　　王　冰

总　编：李大军

副总编：梁　露　　吴　霞　　张劲珊　　赵立群　　孙　岩　　于洪霞

序言

随着微电子技术、计算机技术、网络技术、通信技术、多媒体技术等高新科技日新月异的飞速发展和普及应用，不仅有力地促进了各国经济发展、加速了全球经济一体化的进程，而且推动着当今世界跨入信息社会的步伐。以计算机为主导的计算机文化，正在深刻地影响着人类社会的经济发展与文明建设，以网络为基础的网络经济，正在全面地改变着人们传统的社会生活、工作方式和商务模式。如今，计算机应用水平、信息化发展速度与程度，已经成为衡量一个国家经济发展和竞争力的重要指标。

没有计算机就没有现代化发展！没有计算机网络，就没有经济的大发展！为此，国家出台了一系列"关于加强计算机应用和推动国民经济信息化进程的文件及规定"，启动了"电子商务、电子政务、金税"等富有深刻意义的重大工程，加速推进"国防信息化、金融信息化、财税信息化、企业信息化、教育信息化、社会管理信息化"，因而全社会又掀起了新一轮的计算机学习应用的热潮。

针对我国高职教育"计算机应用"等专业知识老化、教材陈旧、重理论轻实践、缺乏实际操作技能训练的问题，为了适应我国国民经济信息化发展对计算机应用人才的需要，全面贯彻教育部关于"加强职业教育"的精神和"强化实践实训、突出技能培养"的要求，根据企业用人与就业岗位的真实需要，结合高职高专院校"计算机应用"和"网络安全"等专业的教学计划及课程设置与调整的实际情况，我们组织北京联合大学、陕西理工学院、北方工业大学、沈阳师范大学、北京财贸职业学院、山东滨州职业学院、首钢工学院、包头职业技术学院、北方工业技术学院、广东理工学院、北京城市学院、黑龙江工商大学、北京石景山社区学院、海南职业学院、北京西城经济科学大学、北京朝阳社区学院、北京宣武社区学院、北京东城社区学院等全国 30 多所高校及高职院校多年从事计算机教学的主讲教师和具有丰富实践经验的企业人士共同撰写了此套教材。

IV

  本套教材包括《计算机基础实例教程》、《中小企业网站建设与管理》等 16 本书。在编写过程中，编者们注意自觉坚持以科学发展观为统领，严守统一的创新型格式化设计；注重校企结合、贴近行业企业岗位实际，注重实用技术与能力的训练培养，注重实践技能应用与工作背景紧密结合，同时也注重计算机、网络、通信、多媒体等现代化信息技术的新发展，具有集成性、系统性、针对性、实用性、易于实施教学等特点。

  本套教材不仅适合高职高专及应用型院校"计算机应用、网络、电子商务"等专业学生的学历教育，同时也可作为工商、外贸、流通等企事业单位从业人员的职业教育和在职培训，对于广大社会自学者也是有益的学习参考读物。

系列教材编委会

2015 年 1 月

在互联网日益被人们接受的今天，Internet 使数据库技术、知识、技能的重要性得到了充分的发挥，数据库应用涉及社会生活的各个方面。数据库技术是现代信息科学与技术的重要组成部分，是计算机数据处理与信息管理系统的核心。数据库技术具有强大的事务处理功能和数据分析能力，可有效减少数据存储冗余、实现数据共享、保障数据安全以及高效地检索数据和处理数据。

SQL Server 数据库是跨平台的网络数据库管理系统，SQL Server 2012 是一个功能完备的数据库管理系统，提供了完整的数据库创建、开发和管理功能，因功能强大、操作简便、日益被广大企事业数据库用户所喜爱；在网络开发、网络系统集成、网络应用中发挥重要作用，并伴随因特网的广泛应用而得以迅速普及。

"SQL Server 数据库"是计算机专业重要的基础课程，也是计算机网络及软件相关专业中常设的一门专业课；当前学习 SQL Server 数据库程序设计知识、掌握数据库开发应用的关键技能，已经成为网站及网络信息系统从业工作的先决和必要条件。

目前，我国正处于经济改革与社会发展的重要关键时期，随着国民经济信息化、企业信息技术应用的迅猛发展，面对 IT 市场的激烈竞争、面对就业上岗的巨大压力，无论是即将毕业的计算机应用、网络专业学生，还是从业在岗的 IT 工作者，努力学好、用好 SQL Server 数据库，真正掌握现代化编程工具，对于今后的发展都具有特殊意义。

本书作为高职高专计算机应用专业的特色教材，全书共 11 章，以学习者应用能力培养、提高为主线，坚持以科学发展观为统领，严格按照教育部关于"加强职业教育、突出实践技能培养"的要求，根据高职高专教学改革的需要，依照数据库程序设计学习应用的基本过程和规律，采用"任务驱动、案例教学"写法，突出"实例与理论的紧密结合"、循序渐进地进行知识要点讲解。

本书以 SQL Server 2012 为平台，主要介绍：数据库与表、创建与管理、查询、视图、索引、存储、触发器、数据库安全管理、日常维护等数据库基础知识，并通过指导学生实训、加强实践、强化技能培养。

由于本书融入了 SQL Server 数据库程序设计的最新实践教学理念，力求严谨、注重与时俱进，具有知识系统、案例丰富、语言简洁、突出实用性、适用范围广及便于学习掌握等特点；因此本书既可以作为专升本及高职高专院校信息管理、工商管理、电子商务等专业教学的首选教材，也可以用于广大企事业单位 IT 从业人员的职业教育和在职培训，并为社会数据库技术爱好者和程序员实际工作提供有益的参考。

本书由李大军筹划并具体组织，王爱赪和王耀主编、王爱赪统改稿，金颖、郭峰为副主编，由具有丰富数据库教学实践应用经验的孙岩教授审定，董铁教授复审。作者编写分工：牟惟仲（序言），王爱赪（第 1 章、第 2 章、第 7 章），金颖（第 3 章、第 4 章），王耀（第 5 章、第 6 章），郭峰（第 8 章、第 9 章），柴俊霞（第 10 章），温志华（第 11 章），李妍（附录）；华燕萍、李晓新（文字修改、版式调整、制作教学课件）。

在编写过程中，我们参阅和借鉴了中外有关 SQL Server 数据库设计应用的最新书刊及相关网站资料，并得到业界专家教授的具体指导，在此一并致谢。为方便教学、本书提供配套电子课件，读者可以从清华大学出版社网站（www.tup.com.cn）免费下载。因作者水平有限，书中难免存在疏漏和不足之处，恳请专家、同行和读者予以批评指正。

编　者
2015 年 3 月

目录

第 1 章

数据库知识概述

◆ 技能要求

1. 了解数据库和数据库管理系统的基本概念；
2. 掌握关系数据库的相关概念、掌握数据库设计的三个设计阶段；
3. 掌握 SQL Server 2012 的安装方法和步骤。

1.1 数据库基本理念

随着计算机技术的发展，数据库系统作为计算机化的数据保存系统，以其特有的数据存储方式将相关的数据内容整合在一起。数据库技术作为计算机技术中的一个重要分支，经历了网状数据库系统、层次数据库系统和关系数据库系统阶段，现在正向面向对象数据库系统发展，同时数据模型也经历了网状模型、层次模型和关系模型的演变。

在学习数据库的具体操作和应用之前，了解和掌握与数据库相关的一些基本概念和基础知识很有必要，下面将对此简要介绍。

1.1.1 数据库概念

1. 数据

数据(Data)就是一条或多条信息的集合，这些信息可以被用于分析、计算和处理。数据是描述事物的符号记录，它有多种表现形式，可以是数字，也可以是文字、图形、声音。

例如，要描述一名学生的基本信息，可以采用如下几个基本单元来表示：学号、姓名、性别、出生日期、籍贯、年级、专业、电话等，这几个基本单元的数据如下："1211001451411"、"王华"、"女"、"1990-09-26"、"北京"、"12 秋"、"计算机网络"、"13801234567"。

2. 数据库

数据库(DataBase)是采用计算机技术统一管理的相关数据的集合，数据库能为各种用户共享，具有冗余度最小、数据之间联系密切、有较高数据独立性等特点。数据库是按照一定的组织方式来组织、存储和管理数据的"仓库"。

数据库不仅存放数据,而且还存放数据之间的联系。数据库中的数据是以文件的形式存储在存储介质上的,它是数据库系统操作的对象和结果。

3. 数据库管理系统

数据库管理系统(Database Management System,DBMS)是位于用户与操作系统之间的一层数据管理软件,它为用户或应用程序提供访问数据库的方法,包括数据库的建立、查询、更新以及各种数据库控制等。

4. 数据库系统

数据库系统(Database System,DBS)是采用数据库技术的计算机系统。数据库系统由数据库、数据库管理系统及开发工具、数据库应用程序、数据库管理员和用户组成。

1.1.2 概念数据模型

1. 数据模型

数据模型是数据库系统中用于提供信息表示和操作手段的形式构架,是现实世界的模拟和抽象。数据模型应满足三方面的要求:能够比较真实地模拟现实世界;容易被人所理解;便于在计算机中实现。

数据模型可以分为概念数据模型(简称概念模型或信息模型)和基本数据模型或结构数据模型(简称结构模型)两大类。现实世界、概念模型与结构模型三者之间的关系如图 1-1 所示。

图 1-1 现实世界、概念模型与结构模型三者之间的关系

2. 概念模型

概念模型是按用户的观点来对数据和信息进行抽象,主要用于数据库设计。目前比较流行的概念模型是实体-联系模型(简称为 E-R 模型)。E-R 模型是描述整个组织的概念模式,不考虑效率和物理数据库的设计。它充分地反映了现实世界,易于理解,将现实世界的状态以信息结构的形式很方便地表示出来。概念模型的基本概念有以下方面。

(1)实体(Entity)

实体是指客观存在并可以相互区分的事物。实体可以是具体的人、事、物,也可以是抽象的概念和联系。例如,一件商品、一个部门、一个供应商等都是实体。

(2)属性(Attribute)

每个实体具有的特性称为实体的属性。例如,商品的顺序号、编号、名称、进货价格、销售价格等。一个实体可以有若干个属性来描述,每个属性的取值范围称为该属性的域,又称为值域或值集。

(3)关键字/码(Key)

用于唯一标识实体的属性或属性集称为实体的关键字或码。例如,学生的身份证号就是学生实体的码。

(4)实体集(Entity Set)

具有相同属性的实体的集合称为实体集。例如,所有商品就是一个实体集。在同一实体集中,每个实体的属性及其值域是相同的,但可能取不同的值。

(5) 联系(Relationship)

在现实世界中,事物内部及事物之间是普遍联系的,这些联系在信息世界中表现为实体集间的联系。实体间的联系可分为三类:一对一联系(1∶1)、一对多联系(1∶m)和多对多联系(m∶n)。

概念模型可以用非常直观的 E-R 图来表示。E-R 图的基本要素如图 1-2 所示。

图 1-2　E-R 图的基本要素

用矩形框表示实体,在矩形框内写明实体名;用椭圆来表示实体的属性,椭圆内写明属性名,并用线段将实体与其属性连接起来;双线椭圆表示该属性是实体的码;用菱形来表示实体间的联系,在菱形框内写明联系名,用线段将联系与有关实体连接起来,同时在线段上注明联系的类型。需要注意的是,若联系也具有属性,则也要用线段将联系与属性连接起来。

1.1.3　逻辑数据模型

逻辑数据模型直接描述数据库中数据的逻辑结构。在数据库的发展过程中,常用的逻辑数据模型有层次模型、网状模型和关系模型三种。不同的数据模型决定了不同的数据库操纵语言的结构。各种数据模型的差别在于对联系的约束要求不同。

1. 层次模型

层次模型是数据库系统中最早出现的一种数据模型。它用树形结构来表示实体及实体之间的联系。层次模型是由若干个基本层次联系组成的一棵倒放的树,树中的每个结点都代表一个记录类型(实体),记录之间的连线表示结点之间的联系。每个结点上方的结点称为该结点的父结点,而其下方的对点称为该结点的子结点。没有子结点的结点称为叶结点。

在现实世界中有许多实体之间的联系很自然地呈现出一种层次关系,例如,家族关系、行政组织机构等。图 1-3 所示为某大学行政结构。层次模型有下述两点限制:有且仅有一个结点无父结点,这个结点就是根结点;其他结点有且仅有一个父结点。

层次模型适用于描述客观存在的事物中主次分明的结构关系,具有层次分明、结构清晰的特点。它的缺点是只能反映记录类型间的一对多关系,而不能反映多对多的关系。

2. 网状模型

由于层次结构不能描述多对多的关系,因而产生了网状模型。网状模型就是在层次模型的基础上取消层次模型的两点限制:允许结点有多于一个的父结点,可以有一个以上的结点没有父结点,将树形结构变成网状结构。网状模型是以记录型为结点的网络,反映的是现实世界中较为复杂的事物间的联系,如图 1-4 所示。

网状模型能够更为直接地描述现实世界,具有良好的性能,存取效率较高。但是,由于网状模型的结构比较复杂,而且随着应用环境的扩大,数据库的结构就变得越来越复

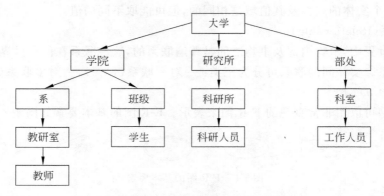

图 1-3　大学行政结构层次模型图

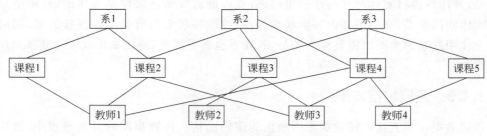

图 1-4　大学网状模型简图

杂,不利于用户使用。

3. 关系模型

关系模型是当前使用最广泛的一种数据模型。关系型数据库使用的存储结构是多个二维表格,即反映事物及其联系的数据描述是以平面表格的形式体现的。数据表之间存在相应的关联,这些关联可用来查询相关的数据,如图 1-5 所示。

学号	学号	性别	班级编号
20130901	李丽	女	11
20130902	张长洪	男	12
20130903	赵晓满	女	11
20130904	马一鸣	男	12

班级编号	班级名称	人数
11	信息1班	30
12	信息2班	29
13	管理1班	28

图 1-5　关系模型简图

关系模型数据库的优点为:结构简单、格式唯一、理论基础严格,而且数据表之间相对独立,同时可以在不影响其他数据表的情况下进行数据的增加、修改和删除。在进行查询时，还可以根据数据表之间的关联性，从多个数据表中查询及抽取相关的信息。

从用户的角度看，关系模型的逻辑结构是一个二维表，它使用表格来描述实体间的关系。每个表格就是一个关系，由行和列组成。每一行称为一个元组，每一列称为一个字段。

 小提示

关系模型的存储结构是目前市场上使用最广泛的数据模型，使用这种存储结构的数据库管理系统很多，本书介绍的 SQL Server 2012 就是使用这种存储结构。

1.1.4　数据库系统

1. 数据库体系结构

数据库系统都有一个严谨的体系结构，从而保证其功能得以实现。根据美国标准化协会和标准计划与需求委员会（ANSI/SPARS）提出的建议，数据库系统的结构是三级模式结构。数据库系统的基本结构是由用户级、概念级和物理级组成的三级结构，分别称为模式、外模式和内模式。

（1）模式

模式也称概念模式，是数据库中全体数据的逻辑结构和特征的描述，是所有用户的公共数据视图。模式实际上是数据库数据在逻辑级上的视图。一个数据库只有一个模式。定义模式时不仅要定义数据的逻辑结构，而且要定义数据之间的联系，定义与数据有关的安全性、完整性要求。

（2）外模式

外模式也称用户模式，它是数据库用户能够看见和使用的局部数据的逻辑结构和特征的描述，是数据库用户的数据视图，是与某一应用有关的数据的逻辑表示。外模式通常是模式的子集。一个数据库可以有多个外模式。应用程序都是和外模式打交道的。外模式是保证数据库安全性的一个有力措施。每个用户只能看见和访问所对应的外模式中的数据，数据库中的其余数据对用户是不可见的。

（3）内模式

内模式也称存储模式，一个数据库只有一个内模式。它是数据物理结构和存储方式的描述，是数据在数据库内部的表示方式。例如，记录的存储方式是按什么结构存储；索引按什么方式组织；数据是否压缩，是否加密；数据的存储记录结构有何规定等。

2. 数据独立性

数据独立性分为数据的逻辑独立性和物理独立性。

数据的逻辑独立性是指局部逻辑数据结构（外模式）与全局逻辑数据结构（概念模式）之间的独立性。当数据库的全局逻辑数据结构（概念视图）发生变化（数据定义的修改、数据之间联系的变更或增加新的数据类型等）时，它不影响某些局部的逻辑结构的性质，应用程序不必修改。

数据的物理独立性是指数据的存储结构与存取方法（内模式）改变时，对数据库的全局逻辑结构（概念视图）和应用程序不必作修改的性质，也就是说，数据库数据的存储结构与存取方法独立。

数据独立性的好处是,数据的物理存储设备更新了,物理表示及存取方法改变了,但数据的逻辑模式可以不改变。数据的逻辑模式改变了,但用户的模式可以不改变,因此应用程序也可以不变,这将使程序易于维护。另外,对同一数据库的逻辑模式,可以建立不同的用户模式,从而提高数据共享性,使数据库系统有较好的可扩充性,方便数据库的维护和存储。

 小提示

数据库系统的三级模式结构将数据库的全局逻辑结构同用户的局部逻辑结构和物理存储结构分开,方便了用户对数据库的组织和使用。

3. 数据库管理系统

设计数据库系统并不像解一道数学习题那样有着既定的证明思路和规范化的推导过程,它是一项系统的工程,有着十分复杂的过程。目前常用的各种数据库设计方法都属于规范设计法,即都是运用软件工程的思想与方法,根据数据库设计的特点,提出了各种设计准则与设计规程。这种工程化的规范设计方法也是在目前技术条件下设计数据库的最实用的方法。

规范设计法在具体使用中又可以分为两类:手工设计和计算机辅助数据库设计。按规范设计法的工程原则与步骤用手工设计数据库,其工作量较大,设计者的经验与知识在很大程度上决定了数据库设计的质量。计算机辅助数据库设计可以减轻数据库设计的工作强度,加快数据库设计速度,提高数据库设计质量。但目前计算机辅助数据库设计还只是在数据库设计的某些过程中模拟某一规范设计方法,并以人的知识或经验为主导,通过人机交互实现设计中的某些部分。

1.1.5 关系型数据库

关系数据库是如今最流行的数据库,其流行源于结构的简单性。关系数据库应用数学方法来处理数据,20 世纪 80 年代以来开发的数据库管理系统几乎都是基于关系的。

本节将主要介绍与关系数据库相关的基本概念和基础理论。

1. 关系数据库的关系

关系数据库的关系是指一个实体中可能和相关实体有关联的实体事件的数目。最常用的是两个实体间的关系,主要有如下三种类型。

(1) 一对一关系

设有两个实体集 A 和 B,如果一个实体集 A 中的每个实体至多和另一个实体集 B 相联系,则称两个实体集间的联系为一对一关系,记做 1:1。例如,一个公司只有一个总经理,一个总经理也只能管理一个公司。

(2) 一对多关系

设有两个实体集 A 和 B,如果一个实体集 A 中的每个实体都可以与另一个实体集 B 中的多个实体相联系,而实体集 B 中的每个实体只能与实体集 A 中的一个实体相联系,则称两个实体集间的联系为一对多关系,记做 1∶n。例如,一个班级中可以有多个学生,而一个学生只能属于一个班级,一个球队拥有多个球员。

（3）多对多关系

设有两个实体集 A 和 B,如果每个实体集中的实体都可以与另一个实体集中的多个实体相联系,则称两个实体集间的联系为多对多关系,记做 m∶n。

多对多关系也很常见,例如,学生与选修课之间的关系,一个学生可以选择多门选修课,而每门选修课又可以被多名学生选择。

 小提示

数据库中的多对多关联关系一般需采用中间表的方式处理,将多对多关系转化为两个一对多关系。

2. 关系模型

在关系模型中,数据好像存放在一张张电子表格中,这些表格就称为关系。构建关系模型下的数据库,其核心是设计组成数据库的关系。

关系模型中的基本术语如下。

（1）关系

一个关系对应于一个含有有限个不重复行的二维表。

（2）元组

在二维表中每个行是属性或列取值后的数据,称为该二维表的一个元组,或称为一条记录。

（3）属性

二维表中的列（也称为字段）称为属性,每个属性的名称称为属性名（也称为字段名或列名）,列值称为属性值。

（4）域

二维表中属性的取值范围称为该属性的域。

（5）关系模式

关系模式实际上就是记录类型。它包括模式名、属性名、值域名以及模式的主关键字。关系模式仅是对数据特性的描述,通常在数据库中表现为一个数据表的结构。

（6）关键字

在关系的属性中,能够用来唯一标识元组的属性（或属性组合）称为关键字或码。关系中的元组由关键字的值来唯一确定,并且关键字不能为空。关键字有以下几种情况。

- 候选关键字（候选码）:如果一个关系中,存在着多个属性（或属性组合）都能用来唯一标识该关系的元组,则这些属性或属性组合都称为该关系的候选关键字或候选码。
- 主关键字（主码）:在一个关系中的若干候选码中指定为关键字的属性（或属性组合）称为该关系的主关键字或主码。
- 合成关键字:如果在一个关系中的某个候选码中包含多个属性,则称其为合成关键字。

- 外关键字(外码):当关系中的某个属性或属性组合虽不是该关系的关键字或只是关键字的一部分,但却是另一个关系的关键字时,称该属性或属性组合为这个关系的外关键字或外码。

(7) 非主属性

关系中不组成码的属性均为非主属性或非码属性。

(8) 从表与主表

通过外部关键字相关联的两个表,以外关键字为主关键字的表称为主表,外关键字所在的表称为从表。

 小提示

外关键字表示了两个关系之间的联系。以另一个关系的外关键字作为主关键字的表被称为主表,具有此外关键字的表被称为主表的从表。

3. 关系数据库理论

(1) 函数依赖

函数依赖用于说明在一个关系中属性之间相互联系的情况。如果作为关键字的属性或属性组合对关系中的其他属性具有决定作用,则其他属性对作为关键字的属性或属性组合就存在着依赖。在关系数据库理论中把这种依赖称为函数依赖。

设 R(U)是属性集 U 上的关系模式,x 与 y 是 U 的子集,若对于 R(U)的任意一个当前值 r,如果对 r 中的任意两个元组 t 和 s,都有 $t[x] \equiv s[x]$,就必有 $t[y] \equiv s[y]$(即若它们在 x 上的属性值相等,在 y 上的属性值也一定相等),则称"x 函数决定 y"或"y 函数依赖与 x",记作 $x \rightarrow y$,并称 x 为决定因素。

关系模型的完整性规则是对数据的约束。关系模型提供了 3 类完整性规则:实体完整性规则、参照完整性规则和用户定义的完整性规则。

(2) 关系模式的规范化

规范化是关系数据库理论的重要内容。所谓规范化是指按照统一的标准对关系进行优化,以提高关系的质量,为构造一个高效的数据库应用系统打下基础。

规范化通常对表结构进行一系列的测试来确定它是否满足或符合给定范式。数据库设计的范式有许多种,其中最常用的有第一范式、第二范式和第三范式。这三个范式都是基于表中的列之间的关系。

范式是符合某一种级别的关系模式的集合。关系数据库中的关系必须满足一定的要求。满足不同程度要求的为不同的范式。满足最低要求的称为第一范式,简称 1NF。在第一范式基础上进一步满足一些要求的为第二范式,简称 2NF。其余以此类推。显然各种范式之间存在着联系:$1NF \subseteq 2NF \subseteq 3NF \ldots$

① 第一范式(First Normal Form,1NF)

第一范式是最基本的规范形式,即关系中的每个属性都是不可再分的简单元素。如果关系模式 R 所有的属性均为简单属性,即每个属性都是不可再分的,则称 R 属于第一范式,简称 1NF,记作 R∈1NF。

注意:任何一个关系模式都属于 1NF,不满足第一范式的数据库模式不能称为关系数据库。

② 第二范式(Second Normal Form,2NF)

如果一个关系模式 R 属于第一范式,且每个非主属性完全函数依赖于关键字,即每个非主属性都可以从构成主关键字的全部的字段得到,不能从构成主关键字的部分字段得到,则称 R 属于第二范式,简称 2NF,记作 R∈2NF。

第二范式(2NF)要求实体的属性完全依赖于主关键字。所谓完全依赖,是指不能存在仅依赖主关键字一部分的属性,如果存在,那么这个属性和主关键字的这一部分应该分离出来形成一个新的实体,新实体与原实体之间是一对多的关系。

不符合第二范式的例子如下。

表:学号,姓名,年龄,课程名称,成绩,学分

(课程名称)→(学分)

(学号)→(姓名,年龄)

存在问题:数据冗余,每条记录都含有相同信息。将会产生以下操作异常。

- 删除异常:删除所有学生成绩,就把课程信息全删除了。
- 插入异常:学生未选课,无法记录进数据库。
- 更新异常:调整课程学分,所有行都调整。

修正:

- 学生:Student(学号,姓名,年龄)。
- 课程:Course(课程名称,学分)。
- 选课关系:SelectCourse(学号,课程名称,成绩)。

 小提示

所有单关键字的数据库表都符合第二范式,因为不可能存在组合关键字。简而言之,第二范式就是非主属性部分依赖于主关键字。

③ 第三范式(Third Normal Form,3NF)

如果关系模式 R 属于第二范式,且每个非主属性都不传递函数依赖于 R 的每个关键字,即所有非主属性的值都只能由主关键字列决定,而不能由其他非主关键字列决定,则称 R 属于第三范式,简称 3NF,记作 R∈3NF。所谓传递函数依赖,指的是如果存在"A→B→C"的决定关系,则 C 传递函数依赖于 A。因此,满足第三范式的数据库表应该不存在如下依赖关系:

关键字段→非关键字段 x→非关键字段 y

不符合第三范式的例子如下。

学号,姓名,年龄,所在学院,学院地点,学院电话,关键字为单一关键字"学号"

这个数据库是符合 2NF 的,但是不符合 3NF,因为存在如下决定关系:

(学号)→(所在学院)→(学院地点,学院电话)

修正：

- 学生：(学号,姓名,年龄,所在学院)；
- 学院：(学院,地点,电话)。

 小提示

在第二范式的基础上,数据表中如果不存在传递函数依赖：关键字段→非关键字段 x→非关键字段 y,则符合第三范式。

(3) 完整性约束

① 实体完整性

实体完整性是指基本关系的主属性(理解该术语可参考后面小节内容)都不能取空值。现实世界中的实体是可区分的,即它们具有某种唯一性标识。相应地,关系模型中以主键作为唯一性标识,主键中的属性即主属性不能取空值。如果主属性取空值,就说明存在某个不可标识的实体,即存在不可区分的实体,这与现实世界的环境相矛盾,因此这个实体一定不是一个完整的实体。

 小提示

空值就是"不知道"或"无意义"的值。

② 参照完整性

参照完整性是指两个表的主关键字和外关键字的数据应对应一致。它确保了有主关键字的表中有对应其他表的外关键字的行存在。

③ 用户定义完整性

用户定义完整性是针对某一特定关系数据库的约束条件,由应用环境所决定,反映某一具体应用所涉及的数据必须满足的语义要求。

在用户定义完整性中最常见的是限定属性的取值范围,即对值域的约束,所以在用户定义完整性中最常见的是域完整性约束,例如,某个属性的值必须唯一,某个属性的取值必须在某个范围内等。

 小提示

实体完整性和参照完整性是关系模型必须满足的完整性约束条件,被称作是关系的两个不变性。

1.2　SQL Server 2012 概述

SQL Server 2012 是美国微软公司最新开发的关系型数据库管理系统,于 2012 年 3 月 7 日发布。作为新一代的数据库产品,SQL Server 2012 不仅延续了现有数据平台的强大能力,全面支持云技术平台,而且能够快速构建相应的解决方案实现私有云与公有云之间数据的扩展与应用的迁移。

1.2.1 SQL Server 2012 简介

作为新一代的数据平台产品,SQL Server 2012 不仅延续现有数据平台的强大能力,全面支持云技术与平台,并且能够快速构建相应的解决方案实现私有云与公有云之间数据的扩展与应用的迁移。SQL Server 2012 提供对企业基础架构最高级别的支持——专门针对关键业务应用的多种功能与解决方案可以提供最高级别的可用性及性能。

在业界领先的商业智能领域,SQL Server 2012 提供了更多更全面的功能以满足不同人群对数据以及信息的需求,包括支持来自于不同网络环境的数据的交互、全面的自助分析等创新功能。针对大数据及数据仓库,SQL Server 2012 提供从数太字节(TB)到数百太字节(TB)全面端到端的解决方案。作为微软的信息平台解决方案,SQL Server 2012 的发布,可以帮助数以千计的企业用户突破性地快速实现各种数据体验,完全释放对企业的洞察力。

SQL Server 2012 包含企业版(Enterprise)、标准版(Standard)、Web 版、开发者版本及精简版。另外,新增了商业智能版(Business Intelligence)。与 SQL Server 2008 版本相比,支持 SQL Server 2012 的操作系统平台包括 Windows 桌面和服务器操作系统,软件版本包括免费的 Express 版和收费的 Developer、Web、Standard、Enterprise 和 BI 版,不再有 Workgroup 和 Datacenter 版本。

虽然开发版本支持 Windows Vista、Windows 7 等桌面操作系统,但 Web、Enterprise 和 BI 版本支持的操作系统版本只有两种 Windows Server(Windows Server 2012 和 Windows Server 2012 R2)。其中 32 位软件可以安装在 32 位和 64 位的 Windows Server 上。

1.2.2 SQL Server 2012 的主要特点

Microsoft SQL Server 2012 推出了许多新的特性和关键的改进,使得它成为非常强大和全面的 Microsoft SQL Server 版本。这个平台有以下特点。

(1)安全性和高可用性

SQL Server 2012 提供了一个安全可靠且具备高可扩展性的数据平台,提高服务器正常运行时间并加强数据保护,无须浪费时间和金钱即可实现服务器到云端的扩展。

(2)超快的性能

SQL Server 2012 在业界首屈一指的基准测试程序的支持下,用户可获得突破性的、可预测的性能。

(3)可扩展的托管式自助商业智能服务

通过托管式自主商业智能、IT 面板及 SharePoint 之间的协作,为整个商业机构提供可访问的智能服务。

(4)可靠、一致的数据

针对所有业务数据提供一个全方位的视图,并通过整合、净化、管理帮助确保数据置信度。

(5)全方位的数据仓库解决方案

凭借全方位数据仓库解决方案,以低成本向用户提供大规模的数据容量,能够实现较强的灵活性和可伸缩性。

（6）根据需要进行扩展

通过灵活的部署选项，根据用户需要实现从服务器到云的扩展，解决方案的实现更为迅速，通过一体机和私有云/公共云产品，降低解决方案的复杂度并有效缩短其实现时间。还可以通过易于扩展的开发技术，在服务器或云端对数据进行任意扩展。

1.2.3 SQL Server 2012 新增功能

SQL Server 2012 引入了很多新技术和新功能。

（1）SQL Server 安装功能的更新

SQL Server 2012 包括一个新的 SQL Server 版本商业智能版（SQL Server Business Intelligence）。提供了综合性平台，可支持组织构建和部署安全、可扩展且易于管理的 BI 解决方案。它提供基于浏览器的数据浏览与可见性等卓越功能、功能强大的数据集成功能，以及增强的集成管理。提供了两个 Enterprise 版本，这两个版本将基于许可模型的不同而存在差异，分别基于许可的服务器/客户端访问许可证（CAL）和基于内核的许可。

从 SQL Server 2012 开始，Service Pack 1 是 Windows 7 和 Windows Server 2012 R2 操作系统的最低要求了。提供了产品更新功能，该安装程序可以将最新的产品更新与主安装相集成，以便可以同时安装主产品及其适用的更新。

SQL Server 数据工具（以前称作 Business Intelligence Development Studio）：从 SQL Server 2012 开始，用户可以安装 SQL Server Data Tools（SSDT），它提供一个 IDE 以便为以下商业智能组件生成解决方案：Analysis Services、Reporting Services 和 Integration Services。SSDT 还包含"数据库项目"，为数据库开发人员提供集成环境，以便在 Visual Studio 内为任何 SQL Server 平台（无论是内部还是外部）执行其所有数据库设计工作。

数据库开发人员可以使用 Visual Studio 中功能增强的服务器对象资源管理器，轻松创建或编辑数据库对象和数据或执行查询。SMB 文件共享是一种支持的存储选项：可以将系统数据库（Master、Model、MSDB 和 TempDB）和数据库引擎用户数据库安装在 SMB 文件服务器上的文件共享中。这同时适用于 SQL Server 独立安装和 SQL Server 故障转移群集安装。

（2）数据库引擎的更新

SQL Server 数据库引擎引入了一些新功能和增强功能，可以提高设计、开发和维护数据存储系统的架构师、开发人员和管理员的能力和工作效率。针对数据库引擎的高可用性和易管理性功能的增强；针对数据库引擎可编程性的增强，针对可扩展性和性能的增强功能，针对安全性的增强功能，增强了备份和还原功能。

（3）Analysis Services 的更新

SQL Server 分析服务（SQL Server Analysis Services，SSAS）也得到了很大的改进和增强。SQL Server 2012 为企业中的决策支持和数据分析添加了新功能。Analysis Services 安装中增加了服务器模式的概念，服务器模式包括多维和数据挖掘、SharePoint 和表格这 3 种模式。

所有实例总是通过 3 种模式之一安装，这些模式确定了用于查询和处理数据的内存管理和存储引擎；表格项目和多维项目可以在 SQL Server Data Tools 中创建；引入了表格模型设计器关系图视图，以图形格式显示表以及表之间的关系，可以筛选列、度量值、层次结构和 KPI，并且可以选择使用定义的透视查看模型；还引入了新的事件解决与锁相关的查询或处理问题，Locks Acquired、Locks Released 和 Locks Waiting 是新的跟踪事件，用来完善现有的锁事件 Deadlock 和 LockTimeOut。

（4）Integration Services 的新增功能

SQL Server 集成服务（SQL Server Integration Services，SSIS）是一个嵌入式应用程序，用于开发和执行 ETL（Extract-Transform-Load，解压缩、转换和加载）包。SQL Server 2012 Integration Services 组件中，提供了新的项目部署模型，将项目部署到 Integration Services 服务器，通过 Integration Services 服务器，使用环境来管理包、运行包以及为包配置运行时值；同时提供了附加视图、存储过程和存储函数，以帮助用户解决性能和数据问题。

在项目级别创建可由项目中的多个包共享的连接管理器，通过合并转换和合并连接转换减少了内存占用 Microsoft 增强了 Integration Services 合并转换和合并连接转换的强健性和可靠性。

（5）Data Quality Services 解决方案

使用 Data Quality Services(DQS) 提供的数据质量解决方案，数据专员或 IT 专业人员可以维护数据的质量并确保数据满足业务使用的要求。DQS 是一种知识驱动型解决方案，该解决方案通过计算机辅助方式和交互方式来管理数据源的完整性和质量。

使用 DQS 可以发现、生成和管理有关用户数据的知识。然后可以使用该知识执行数据清理、匹配和事件探查。还可以在 DQS 数据质量项目中利用引用数据访问接口的基于云的服务。

（6）Master Data Services 的更新

Master Data Services 是用于主数据管理的 SQL Server 解决方案。基于 Master Data Services 生成的解决方案可帮助确保报表和分析均基于适当的信息。使用 Master Data Services，可以为主数据创建中央存储库，并随着主数据随时间变化而维护一个可审核的安全对象记录。SQL Server 2012 可以使用 Excel 管理主数据，用户可以在 Master Data Services 用于 Excel 的外接程序管理主数据。可以使用此外接程序从 Master Data Services 数据库加载筛选的数据集，在 Excel 中处理数据，然后将数据发布回数据库。

管理员可以使用此外接程序来创建新的实体和属性。共享快捷查询文件很容易，这些文件中包含有关服务器、模型、版本、实体和所有应用的筛选器的信息。用户可以通过 Microsoft Outlook 向其他用户发送快捷查询文件。也可以使用来自服务器的数据刷新 Excel 工作表中的数据，并且刷新整个 Excel 工作表或者刷新工作表中 MDS 管理的单元中选择的连续内容。

（7）复制功能的增强

SQL Server 2012 中引入了多个针对复制的新功能和改进功能。包括针对 AlwaysOn 可用性组的复制支持，支持发布数据库部分可用性组，发布服务器实例必须共

14

享同一个分发服务器。支持事务、合并和快照复制。启用了变更数据捕获（CDC）的数据库可以成为可用性组的一部分。启用了更改跟踪（CT）的数据库可以成为可用性组的一部分。支持内部复制扩展事件，添加了复制扩展事件，以帮助客户支持工程师收集信息来解决复制问题。

1.3　安装 SQL Server 2012

了解了 SQL Server 2012 的相关特性和主要版本后，本节将介绍安装 SQL Server 2012 企业版的系统要求和安装与配置 SQL Server 2012 企业版的基本方法。

1.3.1　SQL Server 2012 系统需求

SQL Server 2012 安装的硬件环境：SQL Server 2012 支持 32 位操作系统，至少 1GHz 或同等性能的兼容处理器，建议使用 2GHz 及以上的处理器的计算机；支持 64 位操作系统，1.4GHz 或速度更快的处理器。最低支持 1GB RAM，建议使用 2GB 或更大的 RAM，至少 2.2GB 可用硬盘空间。软件环境：SQL Server 2012 支持包括 Windows 7、Windows Server 2012 R2、Windows Server 2012 Service Pack 2 和 Windows Vista Service Pack 2。

1.3.2　SQL Server 2012 安装前准备工作

当存在低版本的 SQL Server 程序时，SQL Server 2012 支持升级安装，此时将原有实例升级到 SQL Server 2012。当然也可以全新安装，使多版本共存，此时必须在安装时添加新的实例名，这样就有多个实例并存。

SQL Server 2012 安装过程大致分为以下几个步骤：

① 查看 SQL Server 2012 安装的安装要求、系统配置检查和及其他注意事项。

② 运行 SQL Server 安装程序以安装或升级到 SQL Server 2012。

③ 接下来介绍在安装 SQL Server 2012 程序之前需要作何准备工作。首先检查当前的计算机是否符合下述的硬件和软件要求。

SQL Server 2012 企业版（Enterprise）要求必须安装在 Windows Server 2003 及 Windows Server 2012 系统上，其他版本还可以支持 Windows XP 系统。还有以下两点值得注意：SQL Server 2012 已经不再提供对 Windows 2000 系列操作系统的支持。64 位的 SQL Server 程序仅支持 64 位的操作系统。

当前操作系统满足上述要求以后，下一步就需要检查系统中是否包含以下必备软件组件：

① .NET Framework 3.5 SP11、SQL Server Native Client、SQL Server 安装程序支持文件。

② SQL Server 安装程序要求使用 Microsoft Windows Installer 4.5 或更高版本。

③ Microsoft Internet Explorer 6 SP1 或更高版本，SQL Server 2012 安装都需要使用 Microsoft Internet Explorer 6 SP1 或更高版本。Microsoft 管理控制台（MMC）、SQL

Server Management Studio、Business Intelligence Development Studio、Reporting Services 的报表设计器组件和 HTML 帮助都需要 Internet Explorer 6 SP1 或更高版本。

在安装 SQL Server 2012 的过程中，Windows Installer 会在系统驱动器中创建临时文件。在运行安装程序以安装或升级 SQL Server 之前，请检查系统驱动器中是否有至少 6.0GB 的可用磁盘空间用来存储这些文件。即使在将 SQL Server 组件安装到非默认驱动器中时，此项要求也适用。

实际硬盘空间需求取决于系统配置和用户决定安装的功能。表 1-1 列出了 SQL Server 2012 各组件对磁盘空间的要求。

表 1-1　SQL Server 2012 各组件对磁盘空间的要求

功　　能	磁盘空间要求
数据库引擎和数据文件、复制、全文搜索以及 Data Quality Services	811MB
Analysis Services 和数据文件	345MB
Reporting Services 和报表管理器	304MB
Integration Services	591MB
Master Data Services	234MB
客户端组件(除 SQL Server 联机丛书组件和 Integration Services 工具之外)	1823MB
用于查看和管理帮助内容的 SQL Server 联机丛书组件	375KB

为了减少在安装过程中出现错误的概率，注意以下事项：
① 以系统管理员身份进行安装。
② 尽量使用光盘或将安装程序复制到本地进行安装，避免从网络共享进行安装。
③ 尽量避免存放安装程序的路径过深。
④ 尽量避免路径中包含中文名称。

1.3.3　SQL Server 2012 的安装过程

不同版本的 SQL Server 2012 的安装过程基本相似，本节将以 SQL Server 2012 企业版为例介绍 SQL Server 2012 的安装过程。

(1) 将 SQL Server 2012 光盘插入 DVD 驱动器。如果 DVD 驱动器的自动运行功能无法启动安装程序，可以在"SQL SERVER 2012 安装光盘"的根目录下双击 SETUP.EXE 文件。进入 SQL Server 安装中心后跳过"计划"内容，直接选择界面左侧列表中的"安装"，出现如图 1-6 所示的界面，进入安装列表选择。本书以全新安装为例说明整个安装过程。因此，这里选择"全新 SQL Server 独立安装或向现有安装添加功能"选项。

(2) 选择全新安装之后，进入"安装程序支持规则"界面，安装程序将自动检测安装环境基本支持情况，需要保证通过所有条件后才能进行下面的安装，必要时可单击"重新运行"按钮确保通过所有检测，如图 1-7 所示。当完成所有检测后，单击"确定"按钮进行下面的安装。

(3) 接下来是 SQL Server2012 版本选择和密钥填写，本书以 Evaluation 为例介绍安

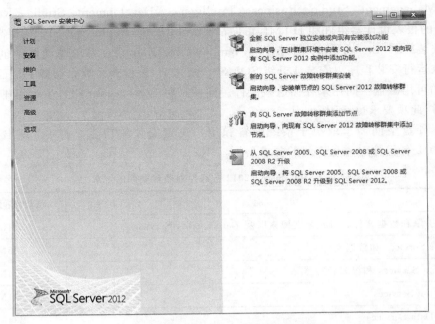

图 1-6　SQL Server 2012 安装中心界面

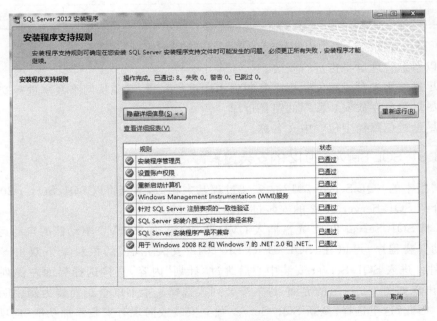

图 1-7　安装程序支持规则界面

装过程,密钥可以向 Microsoft 官方购买,如图 1-8 所示。

(4) 在许可条款界面中,需要接受 Microsoft 软件许可条款才能安装 SQL Server 2012,如图 1-9 所示。

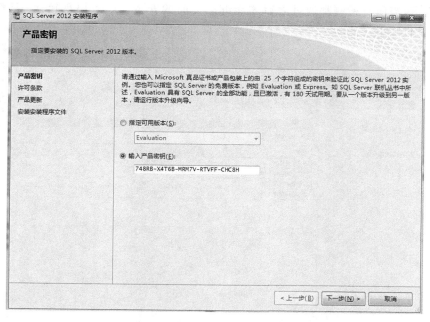

图 1-8 产品密钥

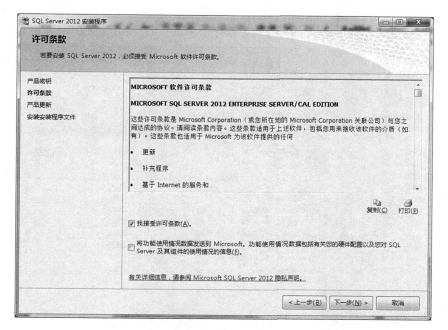

图 1-9 许可条款

（5）接下来将安装程序文件，包括扫描产品更新、下载安装程序文件、提取安装程序文件，并安装安装程序文件，如图 1-10 所示。

（6）完成后单击"安装"按钮继续安装，安装程序将继续检测安装程序支持文件，如

18 图 1-11 所示,当所有检测都通过之后才能继续下面的安装。如果出现错误,需要更正所有失败后才能安装。

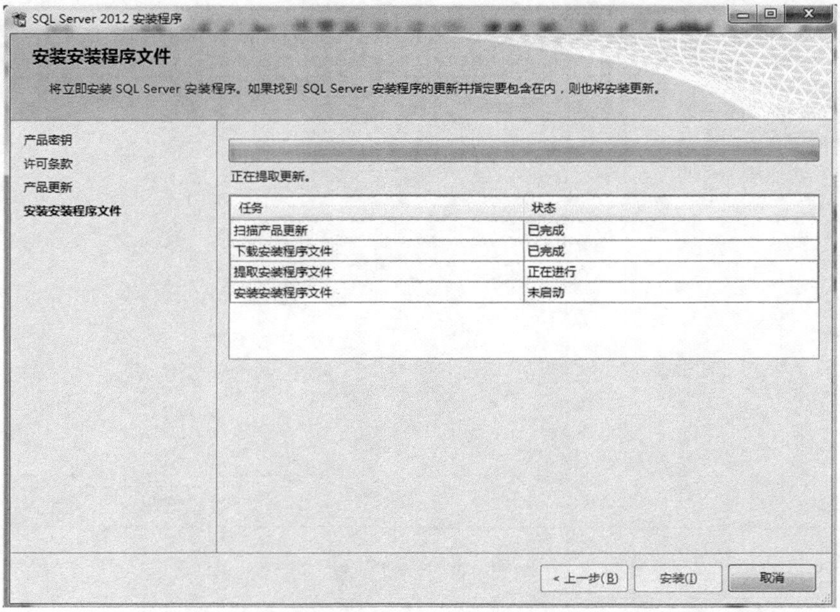

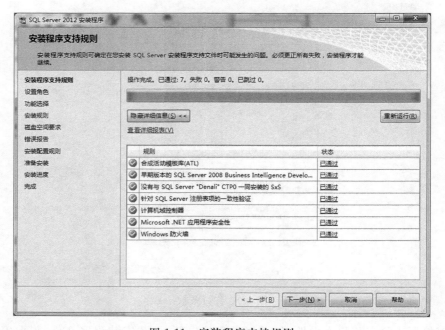

图 1-10 安装安装程序文件

图 1-11 安装程序支持规则

(7) 通过"安装程序支持规则"检查之后,进入"设置角色"界面,如图 1-12 所示。选择"SQL Server 功能安装"单选按钮,单击"下一步"按钮,逐个安装选择的功能组件。

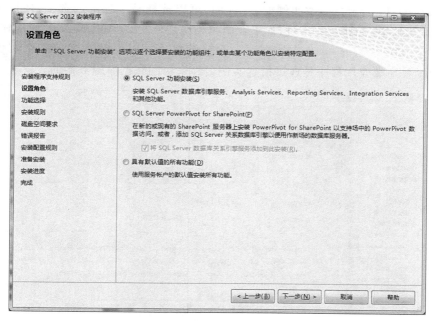

图 1-12　设置角色

（8）进入"功能选择"界面，如图 1-13 所示。这里选择需要安装的 SQL Server 功能，以及安装路径。此处可以选择安装所有的功能，因为学习时可能需要测试 SQL Server 的各个方面。不过，也可以根据需要，有选择性地安装各种组件。

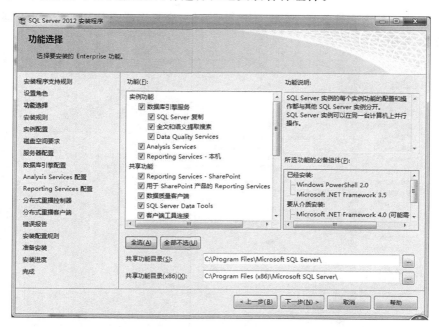

图 1-13　功能选择

20

(9) 如图 1-14 所示,进入"实例配置"界面,可以选择易于理解的选项,使用"默认实例",选择默认的 ID 和路径。不过,如果在学习环境之外安装 SQL Server,则应避免这种情况。由于 SQL Server 2012 支持在同一台计算机上同时安装和运行多个实例,所以 SQL Server 客户端应用程序是通过指定实例名称来访问数据库服务器的。

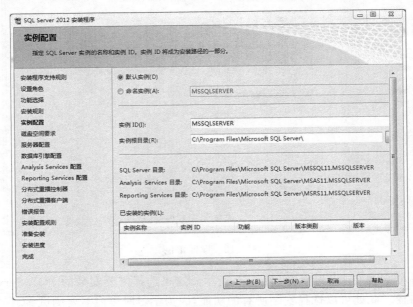

图 1-14　实例配置

(10) 完成安装内容选择后,单击"下一步"按钮,会显示磁盘使用情况,可根据磁盘空间自行调整,如图 1-15 所示。

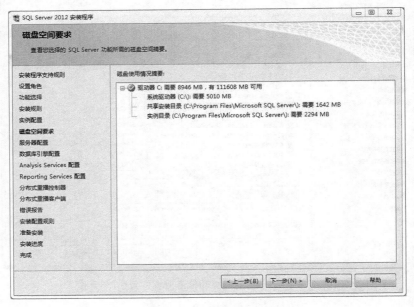

图 1-15　磁盘空间要求

（11）如图 1-16 所示，在服务器配置中，需要 SQL Server 各种服务指定合法的账户，单击"下一步"按钮。

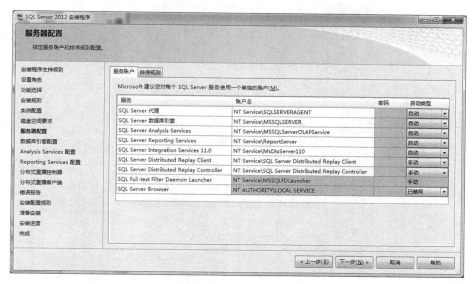

图 1-16　服务器账户配置

（12）接下来是数据库登录时的身份验证，这里需要为 SQL Server 指定一位管理员。SQL Server 提供两种身份验证模式，分别是 Windows 身份验证模式和混合模式（Windows 身份验证和 SQL Server 身份验证）。

- Windows 身份验证模式：只要用户通过 Windows 身份验证，就可以连接到数据库。用户不能指定 SQL Server 登录账户。
- 混合模式：用户既可以通过 Windows 身份验证，也可以使用 SQL Server 身份验证。用户只要通过其中一种身份验证，就可以建立与数据库的连接。

本书以当前系统管理员作为示例，如图 1-17 所示。身份验证模式选中混合模式，并输入密码。可以在"数据目录"标签下查看数据根目录等信息，此处可以不做更改，如图 1-18 所示。

（13）单击"下一步"按钮，进入"Analysis Services 配置"界面，如图 1-19 所示，为指定管理员，单击"添加当前用户"按钮增加当前系统管理员账户。选择"数据目录"选项卡，显示 Analysis Services 服务的数据目录，此处可不做更改，如图 1-20 所示。

（14）单击"下一步"按钮，进入"Reporting Services 配置"界面，如图 1-21 所示，在报表服务配置中选择默认模式，用户也可根据需求选择。

（15）单击"下一步"按钮，进入"分布式重播控制器"界面，如图 1-22 所示，单击"添加当前用户"按钮，单击"下一步"按钮，输入分布式重播客户端的控制器名称，如图 1-23 所示。

（16）单击"下一步"按钮，显示"错误报告"界面，如图 1-24 所示，用户可以选择是否将错误报告发送给微软。

（17）最后根据功能配置选择再次进行环境检查，如图 1-25 所示。

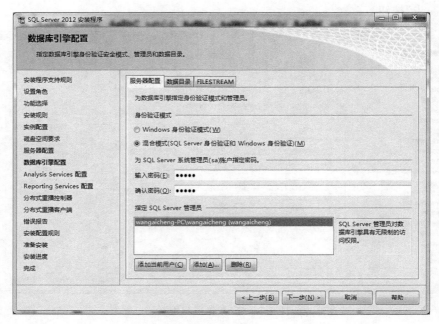

图 1-17　数据库引擎配置

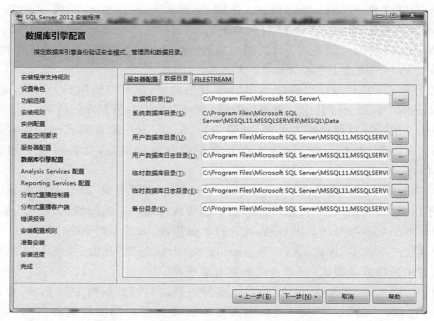

图 1-18　数据库引擎服务器数据目录的配置

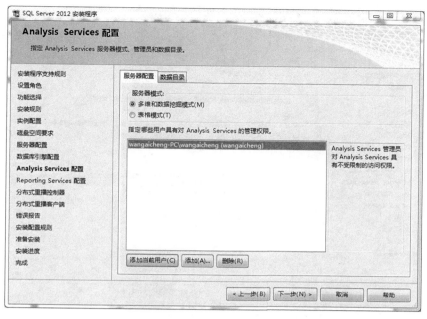

图 1-19　Analysis Services 账户的配置

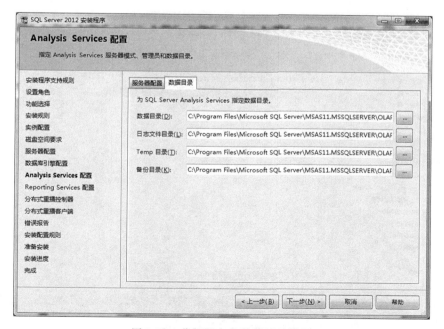

图 1-20　分析服务的数据目录设置

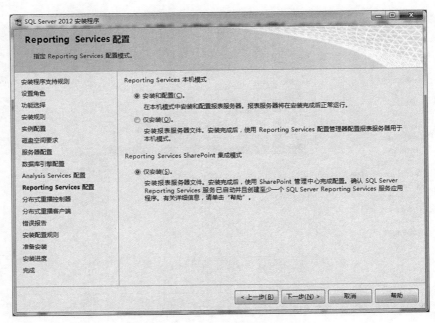

图 1-21 报表服务的配置

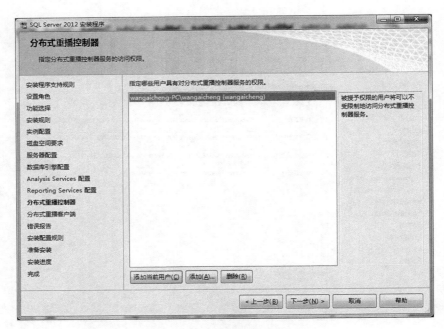

图 1-22 分布式重播控制器的配置

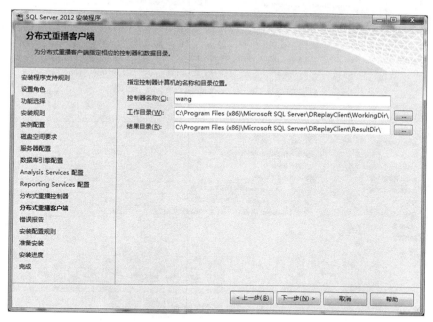

图 1-23 分布式重播客户端的配置

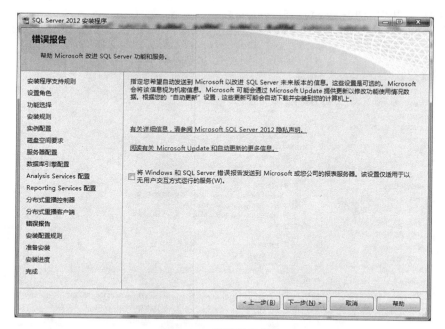

图 1-24 错误情况报告

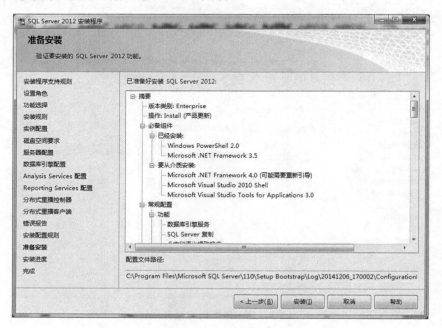

图 1-25　环境检查

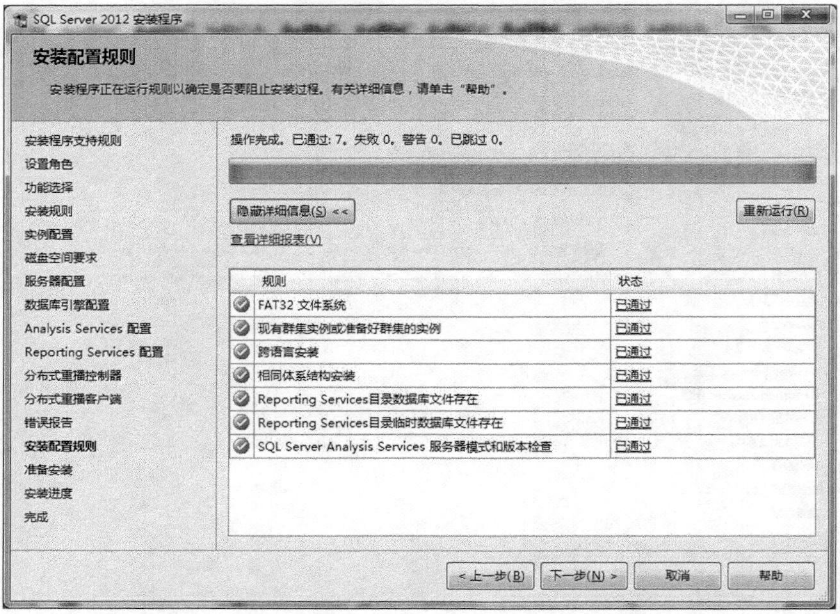

（18）当通过检查之后，软件将会列出所有的配置信息，最后一次确认安装，如图 1-26 所示。单击"安装"按钮开始 SQL Server 安装。

图 1-26　准备安装界面

（19）根据硬件环境的差异，安装过程可能持续 10～30 分钟，如图 1-27 所示。

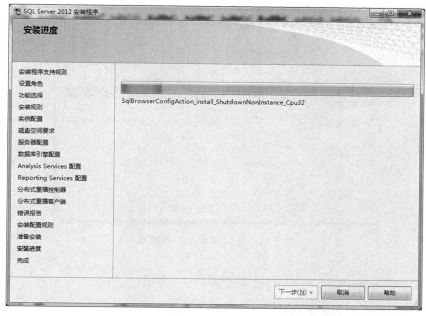

图 1-27 安装进度

（20）当安装完成之后，SQL Server 将弹出如图 1-28 和图 1-29 所示的界面，表示安装成功。

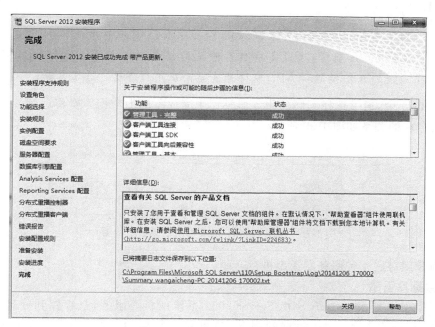

图 1-28 安装成功界面

图 1-29　连接到的服务器类型

1.3.4　SQL Server 2012 的体系结构

SQL Server 2012 的体系结构是指对 SQL Server 2012 的组成部分和这些组成部分之间关系的描述。SQL Server 2012 系统由 4 部分组成：数据库引擎、Analysis Services、Reporting Services 和 Integration Services，如图 1-30 所示。

 小提示

SQL Server Compact Edition 不是 SQL Server 2012 系统的组成部分，它是一种功能强大的轻型关系数据库引擎，通过支持熟悉的结构化查询语言（SQL）语法，以及提供与 SQL Server 一致的开发模型和 API，使得开发桌面应用程序变得非常容易。

在图 1-29 中，通过选择不同的服务器类型来完成不同的数据库操作。这 4 种服务器类型之间存在的关系如图 1-30 所示。

图 1-30　SQL Server 2012 系统的体系结构图

下面分别对这 4 种服务器类型进行介绍。

1. 数据库引擎

数据库引擎是 Microsoft SQL Server 2012 系统的核心服务，是存储和处理关系（表格）类型的数据或 XML 文档数据的服务，负责完成数据的存储、处理和安全管理。例如，创建数据库、创建表、创建视图、查询数据和访问数据库等操作都是由数据库引擎完成的。

小提示

通常情况下,使用数据库系统实际上就是在使用数据库引擎。数据库引擎是一个复杂的系统,它本身包含了许多功能组件,例如,复制、全文搜索等。

2. Analysis Services

Analysis Services 的主要作用是通过服务器和客户端技术的组合,以提供联机分析处理和数据挖掘功能。相对联机分析处理来说,联机事务处理是由数据库引擎负责完成的。

通过使用 Analysis Services,用户可以进行如下操作:

① 设计、创建和管理包含来自于其他数据源的多维结构,通过对多维数据进行多角度的分析,可以使管理人员对业务数据有更全面的理解。

② 完成数据挖掘模型的构造和应用,实现知识的发现、表示和管理。

③ Analysis Services 的服务器组件作为 Windows 服务来实现。SQL Server 2012 Analysis Services 支持同一台计算机中的多个实例,每个 Analysis Services 实例作为单独的 Windows 服务实例来实现。

④ 客户端使用 XMLA(XML for Analysis)协议与 Analysis Services 进行通信,作为一项 Web 服务,XMLA 是基于 SOAP(Simple Object Access Protocol,简单对象访问协议)的协议,用于发出命令和接收响应。还可以通过 XMLA 提供客户端对象模型,可以使用托管提供程序(例如,ADOMD. NET)或本机 OLE DB 访问接口来访问该模型。

可以使用以下语言发出查询命令:

① SQL。

② 多维表达式(一种用于分析的行业标准的查询语言)。

③ 数据挖掘扩展插件(一种面向数据挖掘的行业标准查询语言)。

④ Analysis Services 脚本语言。

 小提示

Analysis Services 还支持本地多维数据集引擎,该引擎使断开连接的客户端上的应用程序能够在本地浏览已存储的多维数据。

3. Reporting Services

在 Reporting Services 中包含如下内容:

① 用于创建和发布报表及报表模型的图形工具和向导。

② 用于管理 Reporting Services 的报表服务器管理工具。

③ 用于对 Reporting Services 对象模型进行编程和扩展的应用程序编程接口(API)。

SQL Server 2012 Reporting Services 是一种基于服务器的解决方案,用于生成从多种关系数据源和多维数据源提取内容的企业报表,发布能以各种格式查看的报表,以及集中管理安全性和订阅。创建的报表可以通过基于 Web 的连接进行查看,也可以作为 Windows 应用程序的一部分进行查看。

小提示

通过使用 SQL Server 2012 系统提供的 Reporting Services，用户可以方便地定义和发布满足自己需求的报表。无论是报表的布局格式，还是报表的数据源，用户都可以借助工具轻松地实现。

4. Integration Services

Integration Services 是一个数据集成平台，负责完成有关数据的提取、转换和加载等操作。对于 Analysis Services 来说，数据库引擎是一个重要的数据源，而 Integration Services 是将数据源中的数据经过适当的处理，并加载到 Analysis Services 中以便进行各种分析处理。

SQL Server 2012 系统提供的 Integration Services 包括如下内容：

① 生成并调试包的图形工具和向导。

② 执行如 FTP 操作、SQL 语句执行和电子邮件消息传递等工作流功能的任务。

③ 用于提取和加载数据的数据源和目标。

④ 用于清理、聚合、合并和复制数据的转换。

⑤ 管理服务，即用于管理 Integration Services 包的 Integration Services 服务。

⑥ 用于提供对 Integration Services 对象模型编程的应用程序接口（API）。

 小提示

Integration Services 可以高效地处理各种各样的数据源，例如，SQL Server、Oracle、Excel、XML 文档和文本文件等。

实训 1

1. 目的与要求

（1）了解数据库和数据库管理系统的基本概念。

（2）熟悉和掌握关系数据库的相关概念。

（3）掌握数据库的设计的主要阶段，包括概念设计、逻辑设计和物理设计 3 个设计阶段。

（4）了解 SQL Server 2012 的各个版本及应用环境。

（5）掌握 SQL Server 2012 的安装方法和步骤。

（6）掌握 SQL Server 2012 软件的基本使用方法。

2. 实训准备

（1）了解 SQL Server 2012 的各个版本的主要特征。

（2）了解 SQL Server 2012 的各个版本安装的软、硬件环境要求。

（3）了解 SQL Server 2012 软件的功能。

（4）了解 SQL Server 2012 实例的概念和特征。

3. 实训内容

（1）根据自己计算机的软、硬件环境，选择一个适合的 SQL Server 2012 版本并进行安装。

（2）启动 SQL Server Management Studio，查看系统数据库。

（3）熟悉 SQL Server 运行界面。

习题 1

1. 什么是数据库？数据库可以分为几类？每种类型数据库各有什么特点。

2. 从数据库管理系统的角度看，数据库系统的三级模式结构是什么？

3. 关系模式的规范化有何作用？

4. 解释以下术语：属性、域、主关键字、外关键字和关系模式。

5. 描述 SQL Server 2012 在数据平台上提供的各项重要功能。

6. 启动 SQL Server 2012 Management Studio，熟悉相关操作。

7. 在 SQL Server 对象资源管理器中，查看系统数据库及其相关的数据表。

8. 启动 SQL Server 查询分析器，熟悉其界面，并运行简单的 T-SQL 命令。

第 2 章

创建与维护数据库

◆ 技能要求

1. 掌握 SQL Server 2012 数据库的基本结构；
2. 掌握使用对象资源管理器和 T-SQL 语句创建数据库的方法；
3. 掌握使用对象资源管理器和 T-SQL 语句进行数据库管理。

2.1 【实例1】创建数据库

一个数据库必须至少包含一个数据文件和一个事务日志文件，所以创建数据库的操作就是建立数据文件和事务日志文件。

实例说明

使用 SQL Server 对象资源管理器创建"教学管理"数据库，初始大小为 5MB，最大长度为 50MB，数据库自动增长，增长方式是按 10% 比例增长；日志文件初始为 2MB，最大可增长到 5MB，按 1MB 增长。

实例操作

使用对象资源管理器创建数据库的操作步骤如下：

（1）选择"开始"→"所有程序"→ Microsoft SQL Server 2012 → SQL Server Management Studio 命令，启动对象资源管理器。

（2）在对象资源管理器的树形界面中，展开服务器组，展开服务器，右击"数据库"节点，在弹出的快捷菜单中选择"新建数据库"命令，如图 2-1 所示。

（3）在弹出的"数据库属性"对话框中选择"常规"选项卡，选择合适的路径，并在"名称"文本框中输入要创建的数据库的名称"教学管理"，如图 2-2 所示。在"所有者"文本框中输入新建数据库的所有者，此处采用默认值。

（4）在图 2-2 所示的"数据库文件"列表中包括两行：一行是数据文件，另一行是日志文件。通过单击下面相应按钮[....]，可以添加或者删除相应的数据文件。"教学管理"数

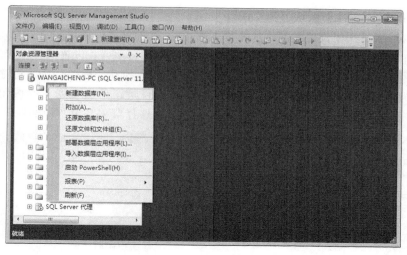

图 2-1　创建数据库

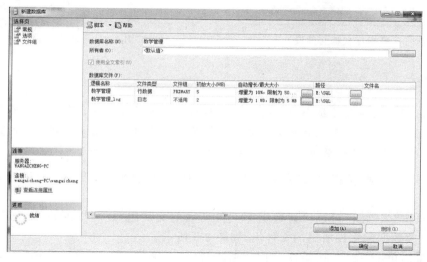

图 2-2　"新建数据库"对话框

据库只有一个主数据文件（教学管理.mdf），初始大小为 5MB，可以不断自动增长，最大文件限制为 50MB，每次以 10％的量增长，设置方法如图 2-3 所示。这个数据库同样只有一个事务日志文件（教学管理.ldf），初始大小为 2MB，同样可以不断自动增长，每次按 1MB增长，限制最大文件大小为 5MB，设置方法如图 2-4 所示。

　　该"数据库文件"列表中各字段值的含义如下：

* "逻辑名称"指定该文件的文件名。

* "文件类型"用于区别当前文件是数据文件还是日志文件。

* "文件组"显示当前数据库文件所属的文件组。一个数据库文件只能存在于一个文件组中。

* "初始大小"指定该文件的初始容量，在 SQL Server 2012 中数据文件的默认值为

5MB，日志文件的默认值为 1MB。

- "自动增长"用于设置在文件的容量不够用时，文件根据何种增长方式自动增长。通过单击"自动增长"列中的省略号按钮，打开"更改自动增长设置"窗口进行设置。
- "路径"指定存放该文件的目录。在默认情况下，SQL Server 2012 将存放路径设置为 SQL Server 2012 安装目录下的 data 子目录。单击该列中的按钮可以打开"定位文件夹"对话框更改数据库的存放路径，选择"E:\SQL"文件夹。

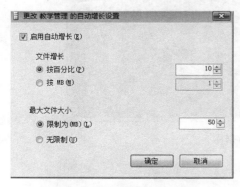

图 2-3　数据库数据文件设置

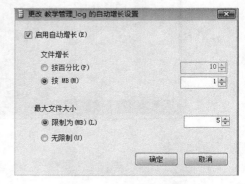

图 2-4　日志文件设置

 小提示

创建数据库的时候系统会自动将 model 数据库中的所有用户自定义的对象都复制到新建的数据库中。用户可以在 model 系统数据库中创建希望自动添加到所有新建数据库中的对象，例如表、视图、数据类型、存储过程等。

（5）单击"选项"按钮，可设置数据库的排序规则、恢复模式、兼容级别和其他需要设置的内容。

（6）单击"文件组"可以设置数据库文件所属的文件组，还可以通过"添加"或者"删除"按钮更改数据库文件所属的文件组，如图 2-5 所示。

（7）最后单击"确定"按钮，关闭"数据库属性"对话框，完成"教学管理"数据库的创建，可以通过"对象资源管理器"窗格查看新建的数据库。

 小提示

创建数据库时只要输入数据库的名称，即可完成创建过程，其他相关设置将采用系统默认的参数设置。每个数据库中至少有两个文件：一个主数据文件和一个事务日志文件。

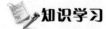 知识学习

2.1.1　逻辑数据库

从逻辑上看，SQL Server 2012 数据库由存放数据的表以及支持这些数据的存储、检索、安全性和完整性的对象所组成。组成数据库的逻辑成分称为数据库对象。SQL Server 2012 常用的逻辑对象主要包括表（Table）、视图（View）、索引（Index）、存储过程

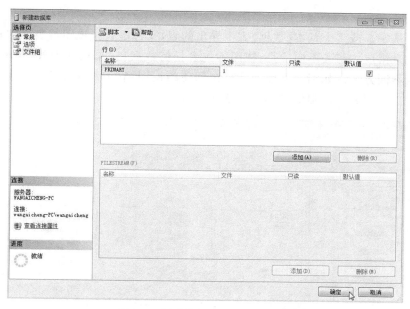

图 2-5　新建数据库"文件组"选项

(Stored Procedure)、触发器(Trigger)和约束(Constraint)等,对部分对象的简要说明如下。

1. 表

表是数据库中实际存储数据的对象。由于数据库中的其他所有对象都依赖于表,因此可以将表理解为数据库的基本组件。一个数据库可以有多个行和列,并且每列包含特定类型的信息。列和行也可以称为字段与记录。

字段是表中纵向元素,包含同一类型的信息,如学号、姓名和性别等;字段组成记录,记录是表中的横向元素,包含有单个表内所有字段所保存的信息,如读者信息表中的一条记录可能包含一个学生的学号、姓名、性别等。

如图 2-6 所示为"教学管理"数据库中"学生信息"数据表的内容。

TXB.BookDat...- dbo.Reader

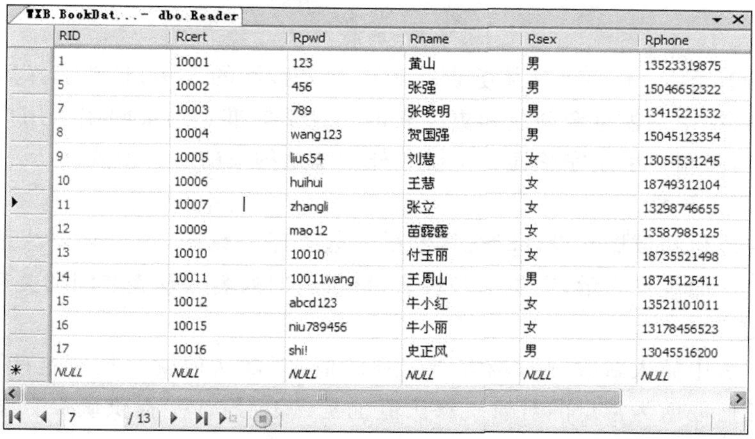

RID	Rcert	Rpwd	Rname	Rsex	Rphone
1	10001	123	黄山	男	13523319875
5	10002	456	张强	男	15046652322
7	10003	789	张晓明	男	13415221532
8	10004	wang123	贺国强	男	15045123354
9	10005	liu654	刘慧	女	13055531245
10	10006	huihui	王慧	女	18749312104
11	10007	zhangli	张立	女	13298746655
12	10009	mao12	苗露露	女	13587985125
13	10010	10010	付玉丽	女	18735521498
14	10011	10011wang	王周山	男	18745125411
15	10012	abcd123	牛小红	女	13521101011
16	10015	niu789456	牛小丽	女	13178456523
17	10016	shi!	史正风	男	13045516200
NULL	NULL	NULL	NULL	NULL	NULL

7 / 13

图 2-6　"学生信息"数据表

2. 视图

视图是从一个或多个基本（数据）表中导出的表，又称虚表。视图与表非常相似，也是由字段与记录组成。与表不同的是，视图不包含任何数据，它总是基于表，用来提供一种浏览数据的不同方式。如图 2-7 所示是正在创建的视图，它的结果来自"教学管理"数据库中的"学生信息"表、"课程信息"表和"选课"表。

图 2-7　"学生信息_课程信息_选课"视图

3. 索引

索引是一种无须扫描整个表就能实现对数据快速访问的途径，使用索引可以快速访问数据库表中的特定信息。如果要查找某一读者姓名，索引会帮助用户更快地获得所查找的信息。

4. 约束

约束是 SQL Server 2012 实施数据一致性和完整性的方法，是数据库服务器强制的业务逻辑关系，约束必须符合创建和更改表的 ANSI 标准。约束限制了用户输入到指定列中值的范围，强制了引用完整性。主键和外键就是约束的一种形式。

5. 数据库关系图

在讲述规范化和数据库设计时会详细讲述数据库关系图，这里只要清楚数据库关系图是数据库设计的视觉表示，它包括各种表、每张表的列名以及表之间的关系。

6. 默认值

如果在向表中插入新数据时没有指定列的值，则默认值就是指定这些列中所的值。默认可以是任何取值为常量的对象。默认值也是 SQL Server 提供确保数据一致性和完整性的方法。

在 SQL Server 2012 中，有两种使用默认值的方法。第一种，在创建表时，指定默认值。第二种，使用 CREATE DEFAULT 语句创建默认对象，然后使用存储过程 sp_binddefault 将该默认对象绑定到列上。

7. 规则

规则和约束都是限制插入到表中的数据类型的信息。如果更新或插入记录违反了规则，则插入或更新操作被拒绝。此外，规则可用于定义自定义数据库类型上的限制条件。与约束不同，规则不限于特定的表。它们是独立对象，可绑定到多个表，或者甚至绑定到特定数据类型（从而间接用于表中）。

8. 存储过程

存储过程与其他编程语言中的过程类似，原因主要有以下几点：

① 接收输入参数并以输出参数的格式向调用过程或批处理返回多个值。

② 包含用于在数据库中执行操作（包括调用其他过程）的编程语句。

③ 向调用过程或批处理的返回状态值，以指明成功或失败（以及失败的原因）。

④ 可以使用 EXECUTE 语句来运行存储过程。但是，存储过程与函数不同，因为存储过程不返回取代其名称的值，也不能直接在表达式中使用。

9. 触发器

触发器是一种特殊类型的存储过程，这是因为触发器也包含了一组 Transact-SQL 语句。但是，触发器又与存储过程明显不同，例如触发器可以执行。如果希望系统自动完成某些操作，并且自动维护确定的业务逻辑和相应的数据完整，那么可以通过使用触发器来实现。触发器可以查询其他表，而且可以包含复杂的 Transact-SQL 语句。它们主要用于强制服从复杂的业务规则或要求。例如，用户可以根据商品当前的库存状态，决定是否需要向供应商进货。

10. 用户和角色

用户是指对数据库有存取权限的使用者。角色是指一组数据库用户的集合，和 Windows 中的用户组类似。数据库中的用户组可以根据需要添加，用户如果被加入到某一角色，则将具有该角色的所有权限。

在 SQL Server 2012 中有两类数据库：系统数据库和用户数据库。

系统数据库存储有关 SQL Server 的系统信息，它们是 SQL Server 2012 管理数据库的依据。如果系统数据库遭到破坏，SQL Server 将不能正常启动。在安装 SQL Server 2012 时，系统将创建 4 个可见的系统数据库：master、model、msdb 和 tempdb。

 小提示

tempdb 的大小是有限的，在使用时必须当心，tempdb 不要被来自不好的存储过程（对创建有太多记录的表无明确的限制）的表记录填满，导致当前的处理不能继续，甚至整个服务器都无法工作。

2.1.2　物理数据库

1. 页和区

SQL Server 2012 中有两个主要的数据存储单位：页和区。

在 SQL Server 2012 系统中，可管理的最小物理空间以页为单位，每个页的大小是 8KB，即 8192B。在表中，每行数据都不能跨页存储。这样，表中每行的字节数不能超过 8192B。在每个页上，由于系统占用了一部分空间用来记录与该页有关的系统信息，所以每一个页可用的空间是 8060B。但是，包含了 varhcar、nvarchar、varbinary 等数据类型的列的表则不受这种规则限制。每 8 个连续页称为一个区，即区的大小是 64KB。这意味着 1MB 的数据库有 16 个区。区用于控制表、索引的存储，区是管理空间的基本单位。

2．数据库文件

SQL Server 2012 所使用的文件包括三类文件。

（1）主数据文件

主数据文件简称主文件，正如其名字所示，该文件是数据库的关键文件，包含了数据库的启动信息，并且存储数据。每个数据库必须有且仅能有一个主文件，其默认扩展名为 .mdf。主数据文件一旦建立了之后，就不能将它删除，除非将整个数据库删除。

（2）辅助数据文件

辅助数据文件简称辅（助）文件，用于存储未包括在主文件内的其他数据。辅助文件的默认扩展名为 .ndf。辅助文件是可选的，根据具体情况，可以创建多个辅助文件，也可以不使用辅助文件。使用辅助数据文件可以扩大数据库的存储空间。若数据库使用了辅助数据文件，则可以将该文件存储在不同的磁盘中，这样数据库的容量就不再受一个磁盘空间的限制了。

（3）日志文件

日志文件用于保存恢复数据库所需的事务日志信息。每个数据库至少有一个日志文件，也可以有多个，日志文件的扩展名为 .ldf。日志文件的存储与数据文件不同，它包含一系列记录，这些记录的存储不以页为存储单位。

3．文件组

文件组由多个文件组成，为了管理和分配数据而将它们组织在一起。通常可以为一个磁盘驱动器创建一个文件组，然后将特定的表、索引等与该文件组相关联，那么对这些表的存储、查询和修改等操作都在该文件组中。

使用文件组可以提高表中数据的查询性能。在 SQL Server 2012 中有两类文件组。

（1）主文件组

主文件组包含主要数据文件和任何没有明确指派给其他文件组的其他文件。管理数据库的系统表的所有页均分配在主文件组中。

（2）用户定义文件组

用户定义文件组是指"CREATE DATABASE"或"ALTER DATABASE"语句中、使用 "FILEGROUP"关键字指定的文件组。

数据库中必须至少有一个文件组——主文件组（PRIMARY）。用户最多可以为每个数据库创建 256 个文件组。文件组中只能包含数据文件，而事务日志文件是不属于任何文件组的。

2.1.3 使用 T-SQL 语句创建数据库

除了使用前面介绍的对象资源管理器创建数据库外,还可以利用 T-SQL 语句来创建数据库,创建时使用 CREATE DATABASE 命令,该命令的语法结构如下:

```
CREATE DATABASE database_name
[ON [PRIMARY]
[<filespec>[1,...,n]]
[,<filegroup>[1,...,n]]
[[LOG ON {<filespec>[1,...,n]}]
[COLLATE collation_name]
[FOR {ATTACH [WITH <service_broker_option>]|ATTACH_REBUILD_LOG}]
[WITH <external_access_option>]
]
[;]
<filespec>::=
{[PRIMARY]
([NAME=logical_file_name,]
FILENAME='os_file_name'
[,SIZE=size[KB|MB|GB|TB]]
[,MAXSIZE={max_size[KB|MB|GB|TB]|UNLIMITED}]
[,FILEGROWTH=growth_increment[KB|MB|% ]]
)[1,...,n]
}
<filegroup>::=
{FILEGROUP filegroup_name
<filespec>[1,...,n]
}
<external_access_option>::=
{DB_CHAINING {ON|OFF}|TRUSTWORTHY{ON|OFF}
}
<service_broke_option>::=
{ENABLE_BROKE|NEW_BROKE|ERROR_BROKER_CONVERSATIONS
}
```

 小提示

T-SQL 语言格式中,用[ ]括起来的内容表示是可选的;[,...,n]表示重复前面的内容;< >括起来的内容表示在实际编写语句时用相应的内容替代;用{ }括起来表示是必选的;A|B 的格式,表示 A 和 B 只能选择一个。

使用 CREATE DATABASE 语句创建数据库最简单的方式如下:

```
CREATE DATABASE databaseName
```

按照方式只需指定 databaseName 参数即可,表示要创建的数据库的名称,其他与数据库有关的选项都采用系统的默认值。

CREATE DATABASE 命令中的各参数说明如表 2-1 所示。

表 2-1 语法参数说明

参　数	说　　明	参　数	说　　明
database_name	数据库名称	max_size	文件最大容量
Logical_file_name	逻辑文件名称	growth_increment	自动增长值或比例
os_file_name	操作系统下的文件名和路径	filegroup_name	文件组名
size	文件初始容量		

相关案例 1

使用 T-SQL 语句创建"商品库"数据库,数据文件名为商品库.mdf,存储在 E:\SQL 下,初始大小为 2MB,最大文件大小为不受限制,文件增量以 10% 增长;事务日志文件名为商品库_log.ldf,存储在 E:\SQL 下,初始大小为 1MB,最大文件大小为不受限制,文件增量同样以 10% 增长。

步骤如下。

(1) 选择"开始"→"所有程序"→ Microsoft SQL Server 2012 → SQL Server Management Studio 命令,启动对象资源管理器。

(2) 在工具栏中单击"新建查询"按钮 ,打开"查询分析器"编辑窗口,输入如下语句:

```
CREATE DATABASE 商品库
ON
(NAME='商品库',
    FILENAME='E:\SQL\商品库.mdf',
    SIZE=5MB,
    MAXSIZE=20MB,
    FILEGROWTH=10%
)
LOG ON
(NAME='商品库 LOG',
    FILENAME='E:\SQL\商品库 LOG.ldf',
    SIZE=2MB,
    MAXSIZE=5MB,
    FILEGROWTH=1MB
);
```

(3) 单击工具栏中的"执行"按钮,或按 F5 键,执行创建数据库的命令,完成"商品库"数据库的创建。窗口中部的"消息"栏将显示执行的情况,并给出相应的提示。本例中提示"命令已成功完成",如图 2-8 所示。

图 2-8 执行结果界面

 相关案例 2

使用 T-SQL 语句创建 testbook1 数据库，所有参数均采用默认值。

步骤如下。

（1）在查询分析器的编辑窗口中，输入如下语句：

```
CREATE DATABASE testbook1
```

（2）单击工具栏中的"执行"按钮，或按 F5 键，执行创建数据库的命令，完成 testbook1 数据库的创建。这时，testbook1 数据库的所有相关设置都会采用系统默认的数据库参数设置。

⚠ 小提示

创建新的对象时，可能不会立即出现在"对象资源管理器"窗格中，可在对象所在位置的上一层右击，在弹出的快捷菜单中选择"刷新"命令，强制 SQL Server 2012 重新读取系统表，则可显示数据中的所有新对象。

2.1.4 查看数据库信息

对于已经存在的数据库，可以使用对象资源管理器和 T-SQL 语句来查看数据库的基本信息、维护信息和空间的使用情况。

1. 使用对象资源管理器查看数据库信息

在对象资源管理器中依次展开服务器组、服务器、"数据库"节点，右击要查看信息的数据库名称，然后在弹出的快捷菜单中选择"属性"命令，即可打开相应数据库的属性对话框。图 2-9 所示为"教学管理"数据库的属性对话框。

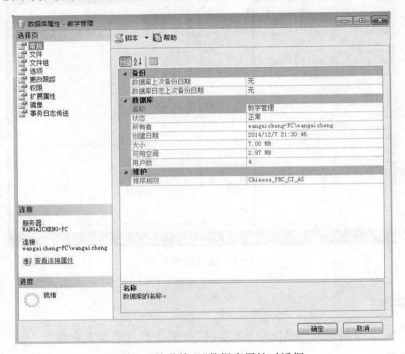

图 2-9 "教学管理"数据库属性对话框

在数据库属性对话框中，用户可以选择"常规"、"数据文件"、"事务日志"、"文件组"、"选项"或"权限"选项卡，来查看数据库的相关信息，并可以修改相应的信息。

2. 使用 T-SQL 语句查看数据库信息

在 T-SQL 语言中，有很多查看数据库信息的语句，其中最常用的方法是执行系统存储过程 sp_helpdb，其语法格式如下：

```
sp_helpdb [数据库名称]
```

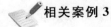 **相关案例 3**

使用 T-SQL 语句查看"教学管理"数据库的信息。

步骤如下。

(1) 在查询分析器的编辑窗口中，输入如下语句：

```
sp_helpdb 教学管理
```

(2) 单击工具栏中的"执行"按钮，或按 F5 键，运行结果如图 2-10 所示。

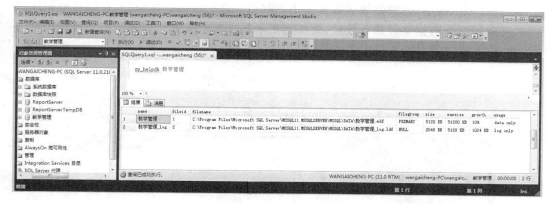

图 2-10 运行结果

相关案例 4

查看当前 SQL Server 实例中所有数据库的信息。

在查询分析器的编辑窗口中输入如下语句即可。

```
sp_helpdb
```

2.1.5 创建数据库快照

在 Microsoft SQL Server 2012 系统中,创建数据库快照的基本语法格式如下:

```
CREATE DATABASE database_snapshot_name
ON
(
NAME=logical_file_name,
FILENAME='os_file_name'
)[,...,n]
AS SNAPSHOT OF source_database_name
```

在上述语法中,database_snapshot_name 参数是将要创建的数据库快照的名称,该名称必须符合数据库名称的标识符规范,并且在数据库名称中是唯一的。数据库快照的稀疏文件由 NAME 和 FILENAME 两个关键字来指定。AS SNAPSHOT OF 子句用于指定该数据库快照的源数据库名称。

相关案例 5

对"商品库"数据库创建一个名称为"商品库_snapshot"的数据库快照。代码如下:

```
CREATE DATABASE 商品库_snapshot
ON
(NAME=商品库,
FILENAME='E:\SQL\商品库.snp')
AS SNAPSHOT OF 商品库
```

上述代码语句中,为教学管理数据库中的数据文件创建数据库快照,在创建数据库快照时,必须对每个数据文件建立快照,否则将提示缺少某个数据文件的快照。语句执行结果如图 2-11 所示。

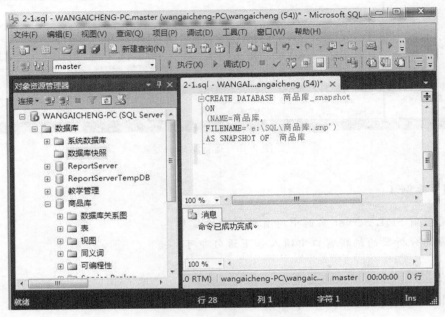

图 2-11　创建数据库快照

 小提示

创建快照后在"对象资源管理器"窗格的"数据库快照"节点下即可看到刚创建的数据库快照,展开后可以看到其内容与源数据库完全相同。数据库快照的扩展名为.snp。数据库快照为只读的,不能在数据库中执行修改操作。不能在 FAT32 文件系统或 RAW 分区中创建快照。

当源数据库发生损坏或出错时,就可以通过数据库快照来将数据库恢复到创建数据库快照时的状态。此时恢复的数据库会覆盖原来的数据库。执行恢复操作要求对源数据库具有 RESTORE DATABASE 权限,恢复时的语法格式如下:

```
RESTORE DATABASE database_name FROM
DATABASE_SNAPSHOT=database_snapshot_name
```

其中,database_name 是源数据库的名称,database_snapshot_name 是对应源数据库的快照名称。

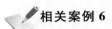 相关案例 6

将"商品库_snapshot"数据库快照恢复到"商品库"数据库中,其语句如下:

```
RESTORE DATABASE 商品库 from
DATABASE_SNAPSHOT='商品库_snapshot'
```

接下来介绍一下如何删除数据库快照,删除数据库快照的方法和其实和删除数据库的方法完全相同,也是使用 DROP DATABASE 语句。同样,不能删除当前正在使用的数据库快照。

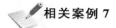**相关案例 7**

删除"商品库_snapshot"数据库快照,其语句如下:

```
DROP DATABASE 商品库_snapshot
```

2.2　【实例 2】修改数据库

实例说明

使用 T-SQL 语句,向"教学管理"数据库中添加一个数据文件"教学管理 2.ndf",存储在 E:\SQL 下,初始大小为 1MB,最大文件大小为 10MB,文件增量以 1MB 增长。

实例操作

步骤如下。

(1) 在查询分析器的编辑窗口中,输入如下语句:

```
ALTER DATABASE 教学管理
ADD FILE
( NAME =教学管理 2,
  FILENAME ='E:\SQL\教学管理 2.ndf',
  SIZE =1mb,
  MAXSIZE =10mb,
  FILEGROWTH =1mb);
```

(2) 单击工具栏中的"执行"按钮,或按 F5 键,执行修改数据库的命令,完成数据文件的添加,效果如图 2-12 所示。

知识学习

2.2.1　修改数据库

在创建完成一个数据库后,可能会因为某些原因要对数据库进行修改。在 SQL Server 中修改数据库可以使用对象资源管理器和 T-SQL 语句两种方法。

使用对象资源管理器修改数据库时,只需在对象资源管理器的树形界面中依次展开服务器组、服务器和"数据库"节点,右击所要修改的数据库,在弹出的快捷菜单中选择"属性"命令。在弹出的"数据库属性"对话框中选择相应的选项卡,进行相关信息与参数的修改。最后,单击"确定"按钮,即可完成对指定数据库的修改。

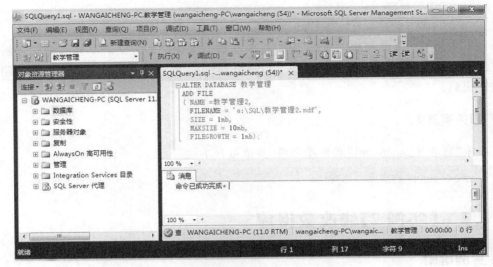

图 2-12   添加数据文件"教学管理 2.ndf"

由于使用对象资源管理器修改数据库受到很多限制,因此本节将着重介绍使用 T-SQL 语句修改数据库的方法。在 T-SQL 语言中,使用 ALTER DATABASE 命令修改数据库,其语法结构如下:

```
ALTER DATABASE database_name
{ADD FILE <filespec>[,...n][ TO FILEGROUP filegroup_name ]
/*在文件组中增加数据文件*/
    | ADD LOG FILE <filespec>[,...,n]              /*增加日志文件*/
    | REMOVE FILE logical_file_name               /*删除数据文件*/
    | ADD FILEGROUP filegroup_name                /*增加文件组*/
    | REMOVE FILEGROUP filegroup_name             /*删除文件组*/
    | MODIFY FILE <filespec>                      /*更改文件属性*/
    | MODIFY NAME =new_dbname                     /*数据库更名*/
    | MODIFY FILEGROUP filegroup_name
        { { READONLY | READWRITE } | { READ_ONLY | READ_WRITE }
        | DEFAULT
        | NAME =new_filegroup_name
        }                                         /*更改文件组属性*/
    | SET <optionspec>[ ,...,n ] [ WITH <termination>]    /*设置数据库属性*/
    | COLLATE collation_name                      /*指定数据库排序规则*/
}
[;]
```

相关案例 8

将"教学管理"数据库中数据文件"教学管理.ndf"的初始大小和最大文件大小分别修改为 10MB 和 100MB。

步骤如下。

(1) 在查询分析器的编辑窗口中,输入如下语句:

```
ALTER DATABASE 教学管理
MODIFY FILE
( NAME =教学管理,
  SIZE =10,
  MAXSIZE =100);
```

（2）单击工具栏中的"执行"按钮，或按 F5 键，执行修改数据库的命令，效果如图 2-13 所示。完成对数据库中数据文件的修改后，单击选中"教学管理"数据库，查看其文件属性，效果如图 2-14 所示。

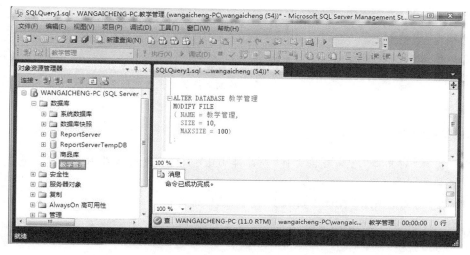

图 2-13　修改执行效果

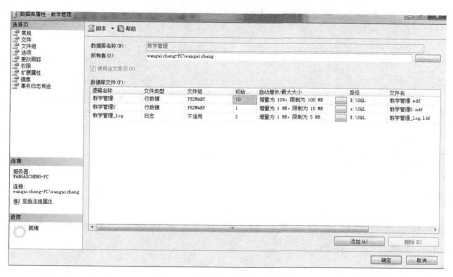

图 2-14　查看文件属性结果

相关案例 9

在前面的课程中已经创建了数据库"商品库",它只有一个主数据文件,要求:修改数据库"商品库"现有数据文件"商品库_DATA"的属性,将主数据文件的最大大小改为 100MB,增长方式改为按每次 5MB 增长。

步骤如下。

在"查询分析器"窗口中输入如下 T-SQL 语句:

```
ALTER DATABASE 商品库
    MODIFY FILE
    (
        NAME =商品库,
        MAXSIZE =100MB,              /*将主数据文件的最大大小改为 100MB*/
        FILEGROWTH =5MB              /*将主数据文件的增长方式改为按 5MB 增长*/
    )
```

相关案例 10

为数据库"商品库"增加数据文件"商品库 bak"。然后删除该数据文件。

步骤如下。

(1) 在"查询分析器"窗口中输入如下 T-SQL 语句:

```
ALTER DATABASE 商品库
    ADD FILE
    (
        NAME ='商品库 bak',
        FILENAME ='E:\SQL\商品库 bak.ndf',
        SIZE =10MB,
        MAXSIZE =50MB,
        FILEGROWTH =5%
    )
```

(2) 查看"商品库"数据库的属性对话框,选择"文件",可看见增加的文件,如图 2-15 所示。

(3) 删除刚刚添加的数据文件。

```
ALTER DATABASE 商品库
REMOVE FILE 商品库 bak
```

 小提示

删除文件或文件组时,文件或文件组必须为空。被删除的文件组中的数据文件必须先删除,且不能删除主文件组。

2.2.2 收缩数据库

在数据库的实际使用过程中,为了节约存储空间和优化管理,经常需要对已有的数据库进行收缩。在 SQL Server 中,有两种方法可以用来缩减数据库空间,一种是缩减数据

图 2-15 添加文件效果

库文件的大小,另一种是删除未用或清空数据库文件。

使用对象资源管理器收缩数据库的操作步骤如下。

(1)在对象资源管理器的树形界面中依次展开服务器组、服务器和"数据库"节点,右击要收缩的数据库。在弹出的快捷菜单中选择"任务"→"收缩"→"数据库"命令。

(2)在弹出的"收缩数据库"对话框中设置相关选项,如图 2-16 所示。例如,将"教学管理"数据库进行收缩,使其数据库文件的最大可用空间为 60%。

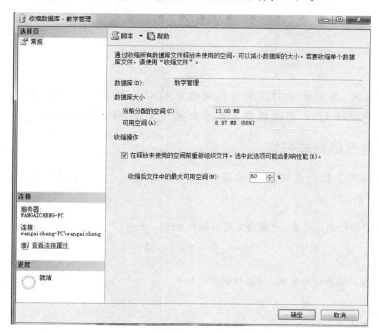

图 2-16 收缩数据库对话框

（3）单击"确定"按钮，即可完成对"教学管理"数据库的收缩。

（4）对象资源管理器的树形界面中，依次展开服务器组、服务器和"数据库"节点，右击要收缩的数据库。在弹出的快捷菜单中选择"任务"→"收缩"→"文件"命令。

（5）在弹出的"收缩文件"对话框中设置相关选项，如图 2-17 所示。例如，将"教学管理"数据库的数据文件"教学管理"进行收缩，可选择将文件收缩到 5MB。

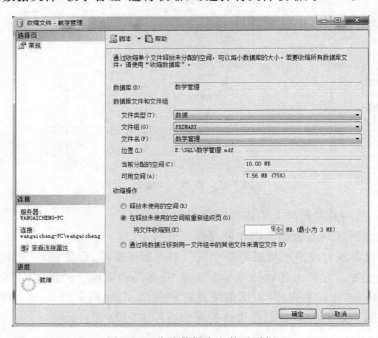

图 2-17   收缩数据库文件对话框

 小提示

收缩数据库时，不能小于创建数据库时设置的初始大小。如果想要收缩到小于创建数据库时设置的初始大小，则必须要先收缩数据库文件，再收缩数据库。

2.2.3   更改数据库名称

在查询分析器中执行系统存储过程 sp_rename 或 sp_renamedb，可以更改数据库名称，命令格式如下：

sp_rename '旧数据库名称','新数据库名称','database'

或

sp_renamedb '旧数据库名称','新数据库名称'

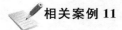 **相关案例 11**

将"商品库"数据库的名称更改为"商品库管理"，然后再改回来。

步骤如下。

（1）在查询分析器的编辑窗口中输入如下语句，单击工具栏中的"执行"按钮，或按 F5 键，将完成对数据库名称的修改。

```
sp_rename '商品库','商品库管理','database'
```

（2）在查询分析器的编辑窗口中输入如下语句，单击工具栏中的"执行"按钮，或按 F5 键，将完成对数据库名称的修改。

```
sp_renamedb '商品库管理','商品库'
```

2.2.4　删除数据库

当一个数据库已经不再使用时，可以将它从 SQL Server 中删除。在 SQL Server 中，删除一个数据库，将删除该数据库中的所有对象，释放出该数据库所占用的所有磁盘空间。

1. 使用对象资源管理器删除数据库

在对象资源管理器的树形界面中依次展开服务器组、服务器和"数据库"节点，右击要删除的数据库，在弹出的快捷菜单中选择"删除"命令，将弹出"删除数据库"对话框，单击"确定"按钮，即可完成指定数据库的删除。

2. 使用 T-SQL 语句删除数据库

在 T-SQL 语言中，使用 DROP DATABASE 命令删除数据库，其语法结构如下：

```
DROP DATABASE 数据库名称[,...,n]
```

 相关案例 12

将"商品库"数据库删除。

步骤如下。

（1）在查询分析器的编辑窗口中输入如下语句：

```
DROP DATABASE 商品库
```

（2）单击工具栏中的"执行"按钮，或按 F5 键，执行删除数据库的命令，完成对数据库的删除。

 小提示

不能删除系统数据库和正在使用、正在被恢复或正在参与复制的数据库。

2.2.5　分离数据库

分离数据库是将数据库从 SQL Server 中分离出来，与删除数据库不同的是，执行分离数据库只是删除数据库在 SQL Server 中的定义，并不会删除数据库存储在磁盘上的数据库文件。因此当数据库被分离后，数据库文件的位置就可以任意移动，并且在需要时随时可以将分离的数据库附加到 SQL Server 中。

使用对象资源管理器分离数据库的操作步骤如下：

（1）在对象资源管理器的树形界面中依次展开服务器组、服务器和"数据库"节点，右击要分离的数据库教学管理，在弹出的快捷菜单中选择"任务"→"分离"命令。

（2）在弹出的"分离数据库"对话框中单击"确定"按钮，即可使"教学管理"数据库从 SQL Server 中分离。

2.2.6　附加数据库

数据库从 SQL Server 中分离后，可以将数据库文件重新附加给 SQL Server，这样数据库就能再次在 SQL Server 中使用。

使用对象资源管理器附加数据库的操作步骤如下：

（1）在对象资源管理器的树形界面中展开服务器组，展开服务器，右击"数据库"节点，在弹出的快捷菜单中选择"附加"命令。

（2）在弹出的"附加数据库"对话框中单击"要附加的数据库"文本框的"添加"按钮，选取所要附加的数据库的主数据文件所在的路径，例如，选择 E 盘 SQL 目录下的数据文件"教学管理.mdf"，然后单击"确定"按钮。

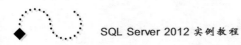

实训 2　数据库的创建与管理

1. 目的与要求

（1）了解 SQL Server 2012 数据库的基本结构。

（2）掌握在对象资源管理器中创建数据库的方法。

（3）掌握在查询分析器中使用 T-SQL 语句创建数据库的方法。

（4）掌握对象资源管理器中数据库快照的应用。

（5）掌握对象资源管理器中数据库管理的其他应用。

2. 实训准备

（1）了解在 SQL Server 2012 中创建数据库的各种方法。

（2）了解 SQL Server 2012 数据库物理文件名和逻辑文件名的区别。

（3）了解对象资源管理器中数据库管理的其他应用。

3. 实训内容

（1）分别使用对象资源管理器和 T-SQL 语句创建教学管理数据库。

使用 T-SQL 语句创建教学管理数据库，数据文件名为"教学管理.mdf"，存储在 E:\SQL 下，初始大小为 2MB，最大文件大小为不受限制，文件增量以 10% 增长；事务日志文件名为教学管理_log.ldf，存储在 E:\ 下，初始大小为 1MB，最大文件大小为不受限制，文件增量同样以 10% 增长。

（2）分别使用对象资源管理器和 T-SQL 语句修改教学管理数据库。

（3）使用对象资源管理器分离、附加教学管理数据库。

（4）制作教学管理数据库的快照，并查看制作的效果。

（5）使用对象资源管理器和 T-SQL 语句将"教学管理"数据库的名称更改为 JXGL。

 **习题 2**

1. 创建一个数据库,名为"图书管理"数据库,数据文件名为"图书管理.mdf",存储在 E:\SQL1 下,初始大小为 5MB,最大为 10MB,文件增量以 1MB 增长,事务文件为图书管理.ldf,存储在 E:\SQL1 下,初始大小为 2MB,最大为 5MB,文件增量以 1MB 增长。

2. 查看 SQL Server 上所有数据库的信息。

3. 将"图书管理"数据库中的数据文件"图书管理"由原来的 4MB 扩充为 8MB,事务日志文件由原来的 2MB 扩充为 4MB。

4. 将"图书管理"数据库文件"图书管理.mdf"收缩为 4MB。

第 3 章

创建与维护数据表

◆ **技能要求**

1. 掌握 SQL Server 2012 数据库的常用数据类型；
2. 掌握使用对象资源管理器和 T-SQL 语句创建表及修改表的方法；
3. 掌握使用对象资源管理器和 T-SQL 语句向数据表中增加和删除记录的方法。

3.1 【实例 3】创建数据表

◎ **实例说明**

本案例将介绍在 SQL Server 2012 中使用 SQL Server Management Studio 实现对表的创建操作，在【实例 2】创建的"教学管理"数据库中创建 4 个表。

(1) 学生(student)信息表：反映了学生个人基本信息，表结构如表 3-1 所示。

表 3-1 学生信息表(student)

编号	字 段 名 称	字段说明	类 型	是否允许空	长 度
1	student_id	学号	nchar(10)	否	10
2	student_name	姓名	nchar(10)	否	10
3	sex	性别	nchar(2)	否	2
4	birthday	出生日期	date	否	8
5	rxdate	入学日期	date	否	8
6	phone	电话	nchar(20)	否	20
7	grade	年级	nchar(10)	否	10
8	department	专业	nchar(20)	否	20
9	political	政治面貌	nchar(10)	是	10
10	native	籍贯	nchar(10)	是	10
11	nation	民族	nchar(10)	是	10

（2）课程（course）信息表：反映了学校的课程信息，表结构如表 3-2 所示。

表 3-2 课程信息表（course）

编号	字 段 名 称	字段说明	类 型	是否允许空	长 度
1	course_id	课程号	nchar(10)	否	10
2	course_name	课程名称	nchar(50)	否	10
3	credit	学分	int	否	3

（3）成绩表（score）：反映了学生考试成绩信息，表结构的效果如表 3-3 所示。

表 3-3 成绩信息表（score）

编号	字 段 名 称	字段说明	类 型	是否允许空	长 度
1	student_id	学号	nchar(10)	否	10
2	course_id	课程号	nchar(10)	否	10
3	score	成绩	int	否	3

（4）教师（teacher）授课表：反映了教师讲授课程信息，表结构如表 3-4 所示。

表 3-4 教师信息表（teacher）

编号	字 段 名 称	字段说明	类 型	是否允许空	长 度
1	teacher_id	教师号	nchar(10)	否	10
2	teacher_name	老师姓名	nchar(10)	否	10
3	course_id	课程号	nchar(10)	否	10
4	period	学时数	int	是	3
5	class	班级	nchar(20)	是	20
6	profession	职称	nchar(10)	是	10

实例操作

使用对象资源管理器创建表的操作步骤如下：

（1）在对象资源管理器中展开"教学管理"数据库，右击"表"节点，在弹出的快捷菜单中选择"新建表"命令，如图 3-1 所示。

（2）在弹出的"设计表"窗口中输入每一个字段的相关信息。参照表 3-1 定义所有的字段，其中 student_id 为学生信息（student 表）的主键，选中 student_id 字段，单击工具栏上的主键设置按钮 ，将字段 student_id 设置成学生信息的主键，如图 3-2 所示。

（3）在表中所有字段定义完成后，单击工具栏上的保存按钮 ，在弹出的"选择名称"对话框中输入创建的表名 student。

（4）最后，单击"确定"按钮，完成创建表的操作。右击"表"节点，在弹出的快捷菜单中选择"刷新"命令,在对象资源管理器中数据库"教学管理"的表对象中就可以找到刚创建的学生信息表 student。

(5) 重复步骤(1)~(4),依次创建课程(course)信息表、成绩表(score)和教师(teacher)授课表。

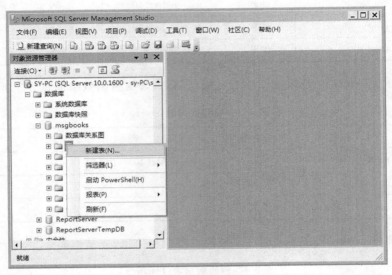

图 3-1　创建表

图 3-2　学生信息表(student 表)

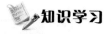知识学习

3.1.1　表（Table）

表是在日常工作和生活中经常使用的一种表示数据及其关系的形式,例如,表 3-5 就是一个学生基本信息表（student）。

表 3-5　学生信息表（student）

student_id	student_name	sex	birthday	rxdate	phone	grade	department	political	native	nation
2014711025	王明	女	1990-09-15	2014-09-01	138××××678	14 秋	计算机网络	团员	北京	汉
2013711026	张红	女	1992-08-01	2012-09-01	135××××234	12 秋	工商管理	团员	上海	汉
2012911002	李一冰	男	1991-06-26	2012-09-01	123××××912	12 秋	计算机网络	党员	天津	回
2012911005	赵静	女	1991-02-24	2012-09-01	123××××999	12 秋	工商管理	团员	山西	汉
2013711007	沈明明	男	1990-07-09	2013-03-01	135××××234	13 春	法学	团员	北京	蒙古
2014911029	王丽丽	女	1991-12-04	2014-03-01	136××××234	14 春	法学	党员	天津	回
2013711028	李伟	男	1989-12-28	2013-09-01	123××××567	13 秋	计算机网络	党员	湖北	汉
2012711003	曾天昊	男	1991-03-27	2012-09-01	135××××901	12 秋	工商管理	团员	山东	汉
2014911115	李杰	女	1990-05-08	2014-03-01	136××××124	14 春	法学	团员	湖南	汉

1. 表的基本结构

（1）表名

每个表都有一个名字,以标识该表。

（2）字段

每个记录由若干个数据项（列）构成,构成记录的每个数据项就称为字段（Field）,每个字段都有其数据类型,即该字段的取值类型。

（3）空值

空值（NULL）通常表示未知、不可用或将在以后添加的数据。

（4）关键字

用于唯一标识实体的属性或属性集称为实体的关键字或码。在学生信息表中,student_id（学号）字段的值对表中所有记录唯一,这个字段可以作为关键字,将表中的不同记录区分开来。

2. 表示实体的表和表示联系的表

数据库不仅要反映数据本身的内容,而且要反映数据之间的联系。在关系数据库中,包含了反映实体信息的表和反映实体之间联系的表。例如,在"教学管理"数据库中,学生信息表表示了学生这一实体的信息,课程信息表示了学生可选修课程实体的信息,如表 3-6 所示。

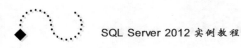

表 3-6　课程信息表（course）

course_id	course_name	credit	course_id	course_name	credit
C001	C++ 程序设计	4	F002	国际经济法	3
C002	软件工程	3	F003	商法	4
C003	数据库基础与应用	3	F004	证据学	3
C004	Java 程序设计	4	G001	西方经济学	3
F001	中国法制史	4	G002	企业战略管理	4

此外，还需要一个表示学生实体与课程实体联系的表——成绩表，如表 3-7 所示。

表 3-7　成绩表（score）

student_id	course_id	score	student_id	course_id	score
2012711003	G001	89	2013711028	C004	85
2012711003	G002	90	2013711028	C002	83
2012711003	G004	43	2013911118	G001	92
2012911002	C001	95	2014911029	F001	79
2014711025	C002	91	2014911029	F002	56
2014711025	C003	79	2014911115	F001	86

3.1.2　数据类型

在 SQL Server 数据库中存储的数据都具有一定的数据类型，数据类型决定了数据的存储格式，以及数据所占用的空间，代表了各种不同的信息类型。SQL Server 2012提供了一系列的系统数据类型，同时用户也可以根据需要在系统数据类型的基础上创建自己定义的数据类型。SQL Server 2012 提供的常用系统数据类型大致可以分为以下几类。

1. 字符数据类型

字符数据类型包括 varchar、char、nvarchar、nchar、text 及 ntext。这些数据类型用于存储字符数据。使用 varchar 数据类型会稍增加一些系统开销。通常的原则是，任何小于或等于 5 个字节的列应存储为 char 数据类型，而不是 varchar 数据类型。如果超过这个长度，使用 varchar 数据类型的好处将超过其额外开销。

nvarchar 数据类型和 nchar 数据类型的工作方式与对等的 varchar 数据类型和 char数据类型相同，但这两种数据类型可以处理国际性的 Unicode 字符。它们需要一些额外开销，没有必要的话应避免使用 Unicode 列。

表 3-8 列出了这些类型，对其作了简单描述，并说明了要求的存储空间。

表 3-8　字符数据类型简表

数 据 类 型	描　述	存 储 空 间
Char(n)	n 为 1～8000 字符之间	n 字节
Nchar(n)	n 为 1～4000 Unicode 字符之间	(2n 字节)＋2 字节额外开销
Ntext	最多为 $2^{30}-1$(1 073 741 823)Unicode 字符	每字符 2 字节
Nvarchar(max)	最多为 $2^{30}-1$(1 073 741 823)Unicode 字符	2×字符数＋2 字节额外开销
Text	最多为 $2^{31}-1$(2 147 483 647)字符	每字符 1 字节
Varchar(n)	n 为 1～8000 字符之间	每字符 1 字节＋2 字节额外开销
Varchar(max)	最多为 $2^{31}-1$(2 147 483 647)字符	每字符 1 字节＋2 字节额外开销

2. 精确数值数据类型

数值数据类型包括 bit、tinyint、smallint、int、bigint、numeric、decimal、money、float 以及 real。这些数据类型都用于存储不同类型的数字值,如表 3-9 所示。

表 3-9　精确数值数据类型简表

数 据 类 型	描　述	存 储 空 间
bit	0、1 或 Null	1 字节(8 位)
tinyint	0～255 之间的整数	1 字节
smallint	−32 768～32 767 之间的整数	2 字节
int	−2 147 483 648～2 147 483 647 之间的整数	4 字节
bigint	−9 223 372 036 854 775 808～9 223 372 036 854 775 807 之间的整数	8 字节
numeric(p,s) 或 decimal(p,s)	$-1\,038+1$～$1\,038-1$ 之间的数值	最多 17 字节
money	−922 337 203 685 477.580 8～922 337 203 685 477.580 7	8 字节
smallmoney	−214 748.3648～2 14 748.3647	4 字节

Decimal 和 numeric 等数值数据类型可存储小数点右边或左边的变长位数。p(precision)为总位数,s(scale)是小数点右边的位数。

3. 近似数值数据类型

这个数据类型分类包括 float 和 real,用于表示浮点数据。float(n)中的 n 是用于存储该数科学记数法尾数(mantissa)的位数。SQL Server 对此只使用两个值。如果指定位于 1～24 之间,SQL 就使用 24。如果指定 25～53 之间,SQL 就使用 53。当指定 float()时(括号中为空),默认为 53。

表 3-10 列出了近似数值数据类型,对其进行简单描述,并说明了要求的存储空间。

表 3-10　近似数值数据类型简表

数据类型	描　述	存储空间
float[(n)]	$-1.79\mathrm{E}+308\sim-2.23\mathrm{E}-308,0,2.23\mathrm{E}-308\sim1.79\mathrm{E}+308$	8 字节
real()	$-3.40\mathrm{E}+38\sim-1.18\mathrm{E}-38,0,1.18\mathrm{E}-38\sim3.40\mathrm{E}+38$	4 字节

 小提示

real 的同义词为 float(24)。

4．二进制数据类型

如 varbinary、binary、varbinary(max)或 image 等二进制数据类型用于存储二进制数据，如图形文件、Word 文档或 MP3 文件。image 数据类型的首选替代数据类型是 varbinary(max)，可保存最多 8KB 的二进制数据，其性能通常比 image 数据类型好。

SQL Server 2012 的新功能是可以在操作系统文件中通过 FileStream 存储选项存储 varbinary(max)对象。这个选项将数据存储为文件，同时不受 varbinary(max)的 2GB 大小的限制。表 3-11 列出了二进制数据类型，对其作了简单描述，并说明了要求的存储空间。

表 3-11　二进制数据类型简表

数据类型	描　述	存储空间
Binary(n)	n 为 1～8000 之间十六进制数字	n 字节
Image	最多为 $2^{31}-1(2\ 147\ 483\ 647)$ 十六进制数位	每字符 1 字节
Varbinary(n)	n 为 1～8000 之间十六进制数字	每字符 1 字节＋2 字节额外开销
Varbinary(max)	最多为 $2^{31}-1(2\ 147\ 483\ 647)$ 十六进制数字	每字符 1 字节＋2 字节额外开销

5．日期和时间数据类型

表 3-12 列出了日期/时间数据类型，对其进行简单描述，并说明了要求的存储空间。

表 3-12　日期和时间数据类型简表

数据类型	描　述	存储空间
Date	0001 年 1 月 1 日～9999 年 12 月 31 日	3 字节
Datetime	1753 年 1 月 1 日～9999 年 12 月 31 日，精确到最近的 3.33 毫秒	8 字节
Datetime2(n)	0001 年 1 月 1 日～9999 年 12 月 31 日，0～7 之间的 N 指定小数秒	6～8 字节
Datetimeoffset(n)	9999 年 1 月 1 日～12 月 31 日 0～7 之间的 N 指定小数秒＋/－偏移量	8～10 字节
SmalldateTime	1900 年 1 月 1 日～2079 年 6 月 6 日，精确到 1 分钟	4 字节
Time(n)	小时:分钟:秒.99999990～7 之间的 N 指定小数秒	3～5 字节

3.1.3　使用 T-SQL 语句创建表

在 SQL Server 中,创建表主要有两种方法,除了在"实例 3"中使用对象资源管理器,还可以使用 T-SQL 语句创建表。

在 SQL Server 中,除了可以使用对象资源管理器来创建表外,还可以使用 T-SQL 语言中的 CREATE TABLE 命令来创建表,其语法格式如下:

```
CREATE TABLE [ database_name . [ schema_name ] . | schema_name . ] table_name
( {  <column_definition>                     /* 列的定义 */
     | column_name AS computed_column_expression [PERSISTED [NOT NULL]]
                                              /* 定义计算列 */
  }
  [ <table_constraint>] [ , ..., n ]     /* 指定表的约束 */
)
[ ON { partition_scheme_name ( partition_column_name ) | filegroup | "default" }
]
                                  /* 指定分区方案和存储表的文件组 */
[ { TEXTIMAGE_ON { filegroup | "default" } ]
                                  /* 指定存储 text、image 等类型数据的文件组 */
[ FILESTREAM_ON { partition_scheme_name | filegroup | "default" } ]
                                  /* 指定存储 FILESTREAM 数据的文件组 */
[ WITH ( <table_option> [ , ..., n ] ) ]    /* 指定表选项 */
[ ; ]
```

说明:

(1) database_name 是数据库名,schema_name 是新表所属架构的名称,table_name 是表名,表的标识按照对象命名规则。如果省略数据库名则默认在当前数据库中创建表,如果省略架构名,则默认是 dbo。

(2) 列的定义格式如下:

```
<column_definition>::=
column_name data_type                      /* 指定列名、类型 */
   [ FILESTREAM ]                          /* 指定 FILESTREAM 属性 */
   [ COLLATE collation_name ]              /* 指定排序规则 */
   [ NULL | NOT NULL ]                     /* 指定是否为空 */
   [ [ CONSTRAINT constraint_name ]
      DEFAULT constant_expression ]        /* 指定默认值 */
   | [ IDENTITY [ ( seed , increment ) ] [ NOT FOR REPLICATION ]
                                           /* 指定列为标识列 */
   ]
   [ ROWGUIDCOL ]                          /* 指定列为全局标识符列 */
   [ <column_constraint> [ , ..., n ] ]    /* 指定列的约束 */
   [ SPARSE ]
```

① FILESTREAM:FILESTREAM 是 SQL Server 2012 引进的一项新特性,允许以独立文件的形式存放大对象数据,而不是像以往一样将所有数据都保存到数据文件中。FILESTREAM 存储以 varbinary(MAX)列的形式实现,在该列中数据以 BLOB 的形式

存储在文件系统中,大小仅受文件系统容量大小的限制。若要将指定列使用 FILESTREAM 存储在文件系统中,可以对 varbinary（MAX）数据类型的列指定 FILESTREAM 属性。这样数据库引擎会将该列的所有数据存储在文件系统中,而不是数据库文件中。FILESTREAM 数据必须存储在 FILESTREAM 文件组中。完成以上步骤后数据库实例即启用了 FILESTREAM,接下来就可以创建 FILESTREAM 文件组和具有 FILESTREAM 数据列的表。在创建了 FILESTREAM 数据列后,访问的方法与访问一般的 varbinary（MAX）列的方式相同。

② IDENTITY：指出该列为标识符列,为该列提供一个唯一的、递增的值。seed 是标识字段的起始值,默认值为 1,increment 是标识增量,默认值为 1。如果为 IDENTITY 属性指定了 NOT FOR REPLICATION 选项,则复制代理执行插入时,标识列中的值将不会增加。

③ ROWGUIDCOL：表示新列是行的全局唯一标识符列,ROWGUIDCOL 属性只能指派给 uniqueidentifier 列。该属性并不强制列中所存储值的唯一性,也不会为插入到表中的新行自动生成值。

④ SPARSE：指定列为稀疏列。稀疏列是对 NULL 值采用优化的存储方式的普通列。稀疏列减少了 NULL 值的空间需求,但代价是检索非 NULL 值的开销增加。不能将稀疏列指定为 NOT NULL。

⑤ <column_constraint>：列的完整性约束,指定主键、替代键、外键等。如指定该列为主键使用 PRIMARY KEY 关键字。

（3） column _ name AS computed _ column _ expression ［PERSISTED ［NOT NULL]]：用于定义计算字段,计算字段是由同一表中的其他字段通过表达式计算得到。其中,column_name 为计算字段的列名,computed_column_expression 是表其他字段的表达式,表达式可以是非计算字段的字段名、常量、函数、变量,也可以是一个或多个运算符连接的上述元素的任意组合。系统不将计算列中的数据进行物理存储,该列只是一个虚拟列。如果需要将该列的数据物理化,需要使用 PERSISTED 关键字。

 相关案例 1

在"图书管理"数据库中创建一个学生信息表（reader 表）,表中各字段属性如表 3-13 所示。

表 3-13　学生信息表（reader）

编号	字段名称	字段说明	类型	是否允许空	长度
1	reader_id	学生编号	int	否	
2	reader_name	学生姓名	varchar	否	10
3	sex	性别	char	否	2
4	birthday	出生日期	datetime	否	
5	phone	电话	varchar	是	15
6	department	部门或单位	varchar	是	100

步骤如下。

（1）在查询分析器的编辑窗口中输入如下语句：

```
USE 图书管理          /*将数据库"图书管理"指定为当前数据库*/
GO
CREATE TABLE reader
(   reader_id int NOT NULL PRIMARY KEY,
    reader_name varchar(10) NOT NULL,
    sex char(2) NOT NULL,
    birthday date NOT NULL,
    phone varchar(15) NULL,
    department varchar(100) NULL,
)
```

（2）单击工具栏中的"执行"按钮，或按 F5 键，就会在"图书管理"数据库中生成 reader 表了。

相关案例 2

在教学管理数据库中创建一个借书信息表（borrow 表），表中各字段属性如表 3-14 所示。

表 3-14 借书信息表（borrow）

编号	字 段 名 称	字 段 说 明	类 型	是否允许空	长 度
1	borrow_id	借书号	int	否	
2	reader_id	学生编号	int	否	
3	student_id	学生编号	varchar	否	20
4	borrow_time	借阅时间	datetime	否	
5	borrow_number	借书数量	smallint	否	
6	due_time	到期时间	datetime	否	
7	return_time	返还时间	datetime	是	
8	fine	罚款	decimal	是	18,2

步骤如下。

（1）在查询分析器的编辑窗口中输入如下语句：

```
USE 图书管理
GO
CREATE TABLE borrow
(   borrow_id int NOT NULL PRIMARY KEY,
    reader_id int NOT NULL,
    student_id varchar(20) NOT NULL,
    borrow_time datetime NOT NULL,
    borrow_number smallint NOT NULL,
```

```
    due_time datetime NOT NULL,
    return_time datetime NULL,
    fine decimal(18,2) NULL
)
```

（2）单击工具栏中的"执行"按钮，或按 F5 键，就会在教学管理数据库中生成 borrow 表了。

3.1.4 查看表的详细信息

在数据库中创建完数据表后，就可以通过对象资源管理器或 T-SQL 语句来查看数据表的相关信息了。

1. 使用对象资源管理器查看表结构

在对象资源管理器中依次展开服务器组、服务器、"数据库"节点，选中要使用的数据库如"教学管理"，然后展开该数据库的"表"节点，选中 student 表，单击 ⊞ 按钮，找到"列"节点，再次单击 ⊞ 按钮，展开该表的各列属性，如图 3-3 所示。

2. 使用 T-SQL 语句查看表的详细信息

除了使用对象资源管理器查看表结构外，还可以执行系统存储过程 sp_help 来查看表结构，其语法格式为：

```
sp_help [表名称]
```

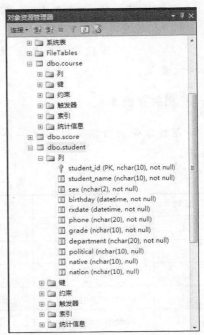

图 3-3　表的各列属性

相关案例 3

查看数据库"教学管理"中 student 表的详细信息。

步骤如下。

① 在查询分析器的编辑窗口中输入如下语句：

```
USE 教学管理
go
sp_help student
```

② 单击工具栏中的"执行"按钮，或按 F5 键，执行效果如图 3-4 所示。

相关案例 4

查看数据库"教学管理"中所有表的表结构。

在查询分析器的编辑窗口中输入如下语句：

```
USE 教学管理
go
sp_help
```

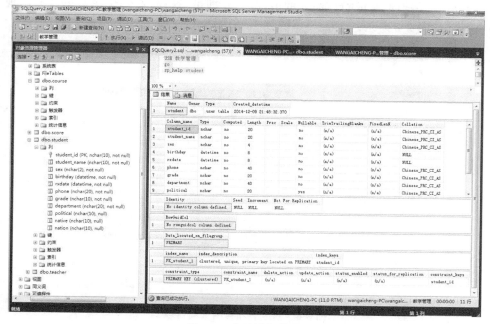

图 3-4　表的详细信息

3.2 【实例 4】向数据表中添加记录

实例说明

本案例将介绍在 SQL Server 2012 中使用 SQL Server Management Studio 实现向在【实例 3】中创建 student、course、score 表中添加记录,添加的记录内容见表 3-5 至表 3-7。

实例操作

通过 SQL Server Management Studio 操作表数据的方法如下。

① 在"对象资源管理器"中依次展开服务器组、服务器、"数据库"节点,展开"教学管理"数据库,选择要进行操作的表 student,右击,在弹出的快捷菜单上选择"编辑前 200 行"命令,打开"表"数据窗口,则可以在右侧的窗口中插入记录,如图 3-5 所示。

② 如果数据超过 200 行,可以单击"工具"→"选项"→SQL Server 对象资源管理器→命令→表

图 3-5　编辑前 200 行

和视图选项→"编辑前<n>行"命令的值,改为 0 即可,这样,右键快捷菜单就会出现"编辑所有行",如图 3-6 所示。

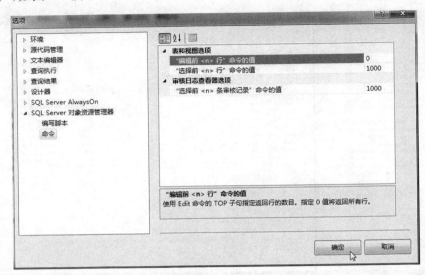

图 3-6 修改表和视图选项命令

③ 在弹出的"数据录入"窗口中录入数据。注意,在开始录入时,一般要先去掉交叉引用的外键关系,以免录入数据验证时产生数据参照不完整的错误。录入数据完毕后,关闭窗口,保存数据。

知识学习

3.2.1 修改表结构

在创建完数据表后,经常会发现有许多需要修改的地方。SQL Server 中提供使用对象资源管理器和使用 T-SQL 语句两种修改表结构的方法。

1. 使用对象资源管理器修改表结构

在对象资源管理器中依次展开服务器组、服务器、"数据库"节点,选中要修改表结构的数据库如教学管理,然后展开该数据库的"表"节点,右击要修改的表(如 Student 表),在弹出的快捷菜单中选择"设计"命令,如图 3-5 所示。在弹出的"设计表"窗口中即可以完成修改表结构的操作,操作方法与创建表时相同。

2. 使用 T-SQL 语句修改表结构

在 T-SQL 语言中,可以使用 ALTER TABLE 命令来修改表结构。ALTER TABLE 命令具体的语法结构如下:

```
ALTER TABLE table_name
{  ALTER COLUMN column_name
  {  new_data_type [ (precision,[,scale])] [NULL | NOT NULL]
    | {ADD | DROP } { ROWGUIDCOL | PERSISTED | NOT FOR REPLICATION | SPARSE }
                                                    /*修改已有字段的属性*/
  }
```

```
| ADD {[<colume_definition>]}[,...,n]                    /*增加新字段*/
|DROP {[CONSTRAINT] constraint_name | COLUMN column}[,...,n]
                                                        /*删除字段*/
}
```

说明：

- table_name 为表名。
- ALTER COLUMN 子句：修改表中指定列的属性，要修改的列名由 column_name 给出。new_data_type 为被修改列的新的数据类型。如果要修改成数值类型时，可以使用 percision 和 scale 分别指定数值的精度和小数位数。"NULL | NOT NULL"表示将列设置为是否可为空，设置成 NOT NULL 时要注意表中该列是否有空数据。另外，"{ADD | DROP}[ROWGUIDCOL | PERSISTED | NOT FOR REPLICATION | SPARSE]"中 ROWGUIDCOL 和 PERSISTED 关键字分别表示在指定列中添加或删除 ROWGUIDCOL 属性和 PERSISTED 属性，NOT FOR REPLICATION 表示指定当复制代理执行插入操作时，标识列中的值将增加，SPARSE 表示指定列为稀疏列。
- ADD 子句：向表中增加新字段，新字段的定义方法与 CREATE TABLE 语句中定义字段的方法相同。
- DROP 子句：从表中删除字段或约束，COLUMN 参数中指定的是被删除的字段名，constraint_name 是被删除的约束名。

相关案例 5

相关案例 2 中在数据库"教学管理"中已创建了表 borrow，对数据表 borrow 进行如下要求的修改。

① 在表 borrow 中增加 1 个新字段 overdue_number（逾期未还书数）。

```
USE 图书管理
ALTER TABLE borrow
    ADD overdue_number tinyint NULL
```

② 在表 borrow 中删除名为 overdue_number 的字段。

```
ALTER TABLE borrow
    DROP COLUMN overdue_number
```

③ 修改表 reader 中已有字段的属性：将名为 reader_name 的字段长度由原来的 40 改为 20；将名为 birthday 的字段的数据类型由原来的 date 改为 datetime。

```
USE 图书管理
ALTER TABLE reader
    ALTER COLUMN reader_name char(20)
ALTER TABLE reader
    ALTER COLUMN birthday datetime
```

④ 改回原字段属性。

```
USE 图书管理
ALTER TABLE reader
    ALTER COLUMN reader_name char(40)
ALTER TABLE reader
    ALTER COLUMN birthday date
```

3.2.2 使用 INSERT 语句添加记录

使用 INSERT 语句是最为常用的添加表格数据的方法，尤其是当通过编写程序向表中添加数据时，就显得更为重要了。INSERT 语句的标准格式为：

```
INSERT [ INTO] <table_name >
{   [ ( column_list ) ]
    { VALUES
      ( { DEFAULT | NULL | expression } [ ,...,n] )
    }
}
```

相关案例 6

针对"图书管理"数据库中的学生信息表（reader）增加一个学生，编码为 9，姓名为"王晓蕾"，性别为"女"，出生日期为"1980-10-29"，部门为"人事处"。

程序语句为：

```
INSERT INTO reader(reader_id, reader_name, sex,birthday,department)
VALUES (9,'王晓蕾', '女', '1980-10-29', '人事处')
```

查询结果如图 3-7 所示。

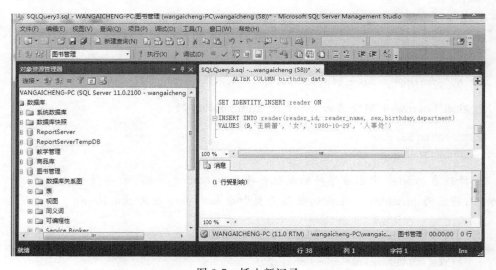

图 3-7 插入新记录

在 SQL Server 中允许省略 INSERT 语句中列清单,但在 VALUES 列表中表达式的顺序必须与表中列名的顺序相同。

使用这种方式插入数据,则上例的语句变为:

```
INSERT INTO reader
VALUES (9,'王晓蕾', '女', '1980-10-29', '人事处')
```

执行完该语句,查询 reader 表的内容结果与图 3-7 所示相同。

 小提示

- 当 IDENTITY_INSERT 设置为 OFF 时,不能为表插入显式值。因为 IDENTITY_INSERT 默认为 OFF,因此在执行 INSERT 语句时,应将 IDENTITY_INSERT 设置为 ON。

- 在执行 INSERT 语句时,INTO 关键字是可选项,加上 INTO 关键字将使语句的意思表达得更加明确。

- 使用 INSERT 语句时,VALUES 列表中的表达式数量要与列名列表中的列名数量相同,并且要求表达式的数据类型要与表中所对应列的数据类型相兼容。

- 插入记录时,每条语句不必将所有的列都插入数据,没有插入数据的各列将自动以默认值插入。但如果在设计表结构时将某一列定义为 NOT NULL,则该列的列名和该列所对应的表达式必须出现在相应的列名列表和 VALUES 列表中,否则,服务器将给出错误提示,编译失败。在创建表结构时设置列的类型为自动增加的列不用插入。

3.2.3　使用 UPDATE 语句修改表记录

在日常对数据库的操作中,经常会涉及对表中内容的更改,如更改学生的信息。这时便会用到 UPDATE 语句。使用 UPDATE 语句可以指定要修改的列和想要赋予的新值,通过给出 WHERE 子句设定条件,还可以指定要更新的列所必须满足的条件。

UPDATE 语句的基本语法为:

```
UPDATE <table_name >
SET { column_name ={ expression | DEFAULT | NULL }
```

 相关案例 7

将相关案例 6 中添加的记录中的姓名改为"王小蕾",部门改为"组织人事处"。

程序语句为:

```
UPDATE reader
SET reader_name='王小蕾',department ='组织人事处'
WHERE reader_id =9
```

查询结果如图 3-8 所示。

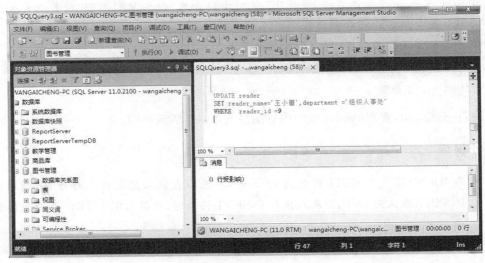

图 3-8　修改记录

需要注意的是，上例中的 WHERE 子句是必需的，如果没有指定更新条件，操作语句将会将表中所有记录对应的 reader _name，department 字段的值更新为"王小蕾"和"组织人事处"。

3.2.4　使用 DELETE 语句删除表记录

当要删除数据时，就要用到 DELETE 语句，DELETE 语句的基本语法如下：

```
DELETE
[ FROM ] { table_name}
  [ WHERE < search_condition >]
```

　相关案例 8

通过 DELETE 语句删除上面例子中添加的记录，程序语句为：

```
DELETE
FROM reader
WHERE reader_id = 9
```

查询结果如图 3-9 所示。

⚠️　小提示

需要注意的是，DELETE 语句最好和 WHERE 子句配合使用，如果没有带 WHERE 子句，DELETE 语句将删除表中的所有数据。

下面的语句：

```
DELETE FROM reader
```

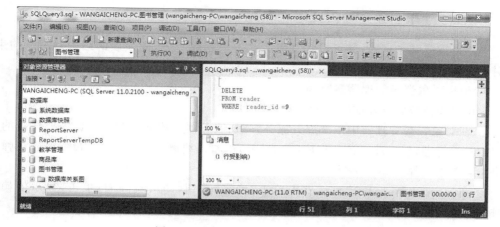

图 3-9　执行 DELETE 语句后的结果

将删除 reader 表中的所有记录,建议慎重使用。

3.2.5　使用对象资源管理器修改删除表记录

在"操作表数据的窗口"中修改记录数据的方法是,先定位被修改的记录字段,然后对该字段值进行修改,修改之后将光标移到下一行即可保存修改的内容。

当表中的某些记录不再需要时,要将其删除。在"对象资源管理器"中删除记录的方法是:在"表数据的窗口"中定位需被删除的记录行,单击该行最前面的黑色箭头处选择全行,右击,在弹出的快捷菜单中选择"删除(D)"命令,如图 3-10 所示。

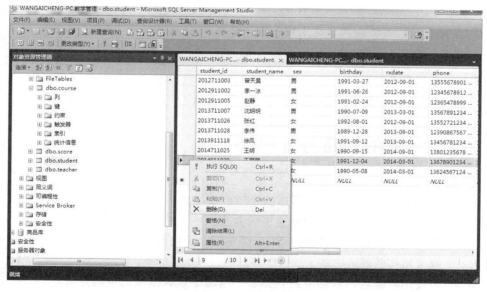

图 3-10　删除记录

3.2.6 使用对象资源管理器删除表

当不再需要某个表时,就可以将其删除。一旦删除了表,则该表的结构、数据、约束、索引等都将永久地被删除。

1. 使用对象资源管理器删除表

使用对象资源管理器删除表的操作步骤如下。

① 在对象资源管理器中依次展开服务器组、服务器、"数据库"节点,选中要使用的数据库如教学管理,然后展开该数据库的"表"节点,右击要删除的表(如 reader 表),在弹出的快捷菜单中选择"删除"命令。

② 在弹出的"删除对象"对话框中单击"确定"按钮,即可删除表;单击"显示依赖关系"按钮,就会显示该表所依赖的对象和依赖于该表的对象。

 小提示

当有对象依赖于要删除的表时,则该表就不能被删除。

2. 使用 T-SQL 语句删除表

T-SQL 中对表进行删除的语句是 DROP TABLE,该语句的语法格式为:

```
DROP TABLE table_name
```

相关案例 9

删除教学管理数据库中的 reader 表。

步骤如下。

① 在查询分析器的编辑窗口中输入如下语句:

```
USE 教学管理
DROP TABLE reader
```

② 单击工具栏中的"执行"按钮,或按 F5 键,完成对 reader 表的删除操作。

实训 3   表的创建与管理

1. 目的与要求

(1) 了解 SQL Server 2012 数据库的常用数据类型。

(2) 掌握在对象资源管理器中创建表的方法。

(3) 掌握在查询分析器中使用 T-SQL 语句创建表的方法。

(4) 掌握表结构的修改方法。

(5) 掌握使用对象资源管理器向数据表中增加记录和删除记录的方法。

2. 实训准备

(1) 了解创建表的各种方法。

(2) 确定数据库包含哪些表,以及各表的结构。

3. 实训内容

（1）参照 3.1 节"教学管理"数据库中表结构（表 3-1），在对象资源管理器中创建表 student。

（2）参照 3.1 节中给出的"教学管理"数据库中各表结构（表 3-2 和表 3-3），使用 T-SQL 语句创建表 course 和 score。

（3）使用对象资源管理器修改学生信息表 student 的表结构，把 student_id 的数据类型改为 varchar 型，长度为 20。

（4）使用 T-SQL 语句修改学生信息表 student 的表结构，向 student 中添加一个用于学生职务 job 的字段，该字段的数据类型为 varchar，20 位，允许为空。

（5）删除 job 字段。

（6）使用对象资源管理器向学生信息表 student 中添加记录，参考 3.1 节中的表 3-5。

（7）使用对象资源管理器在学生信息表 student 中修改记录，修改学生"李伟"的电话号码为 13611111111。

（8）使用对象资源管理器删除学生信息表 student 中 student_name 为"李杰"的记录。

（9）分别使用对象资源管理器和 T-SQL 语句删除"图书管理"数据库中，学生借阅表 student 和 borrow。

习题 3

1. 创建一个数据库，名为学生借阅练习数据库 teststudent，数据文件名为 teststudent.mdf，存储在 D:\SQL1 下，初始大小为 4MB，最大为 10MB，文件增量以 1MB 增长，事务文件为 teststudent.ldf，存储在 D:\SQL1 下，初始大小为 2MB，最大为 5MB，文件增量以 1MB 增长。

2. 查看 SQL Server 上所有数据库的信息。

3. 将 teststudent 数据库中的数据文件 teststudent 由原来的 4MB 扩充为 8MB，事务日志文件由原来的 2MB 扩充为 4MB。

4. 将 teststudent 数据库文件 teststudent.mdf 收缩为 4MB。

5. 在 teststudent 数据库中，使用 T-SQL 语言创建一个学生信息表 student，其表结构如 3.1 节表 3-1 所示，并输入表 3-5 所示的样本数据。

第 **4** 章

SQL Server 2012 简单查询

◆ **技能要求**

1. 掌握 SQL 语句的基本语法；
2. 掌握 SELECT 语句的各个子句的使用方法；
3. 掌握使用 T-SQL 语句对表进行插入、修改和删除数据的操作。

4.1 【实例 5】简单查询

◎ **实例说明**

某位老师想了解一下学生基本情况，使用 SQL 语句如何实现？

📖 **实例操作**

使用 SQL 语句实现查询操作的步骤如下。

通过分析请求，可以确定要查询关于学生的具体信息，而这些信息可以由学生信息表（student）获得。想要查询的是学生的所有信息，所以在＜select_list＞的位置使用 * 号代表显示所有的字段信息。

程序语句为：

```
SELECT *
FROM student
```

查询结果如图 4-1 所示。

📒 **知识学习**

4.1.1 SELECT 语句

1. SELECT 语句的语法格式

当创建并执行一个 SELECT 语句时，其实就是在"查询"数据库。一个 SELECT 语句

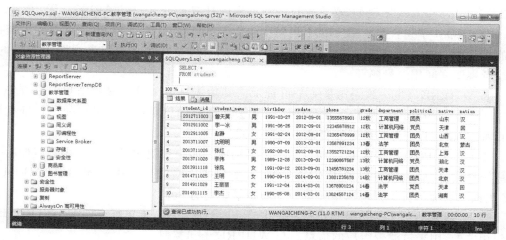

图 4-1　显示学生信息

由几个独立的关键字组成,这些关键字被称为子句,可以使用子句的多种形式来定义
SELECT 语句,从而获得想要的信息。这些子句中有些是必需的,而另外一些是可选择
的。另外,每个子句都有一个或多个关键字,这些关键字由必需值和可选值来描述。虽然
SELECT 语句的完整语法较复杂,但是其主要的子句可归纳如下:

```
SELECT [ ALL | DISTINCT ]
[ TOP n [ PERCENT ] ]
<select_list>
[ INTO <new_table>]
FROM <table_source>
[ WHERE <search_condition>]
[ GROUP BY <group_by_expression>]
[ HAVING <search_condition>]
[ ORDER BY <order_expression>[ ASC | DESC ] ]
```

SELECT 语句中的各子句的功能如下。

① SELECT 子句:这是 SELECT 语句中必须包含的最主要的子句,可以使用该子
句指定查询的结果集中想要显示的字段。这些字段可以是从所指定的一个表或视图中提
取出来的,也可以从多个表或视图中取出的。同时在 SELECT 子句中也可以使用一些函
数、公式或表达式。

② ALL:用于指定在结果集中可以显示重复行。ALL 是默认设置。

③ DISTINCT:用于指定在结果集中重复行只能显示一行。

④ TOP n [PERCENT]:用于指定只从查询结果集中输出前 n 行。n 是介于 0~
4294967295 之间的整数。如果还指定了 PERCENT,则只从结果集中输出前百分之 n
行。当使用 PERCENT 关键字时,n 必须是介于 0~100 之间的整数。如果查询包含
ORDER BY 子句,将输出由 ORDER BY 子句排序的前 n 行(或前百分之 n 行)。

⑤ <select_list>:为结果集选择的列。选择列表是以逗号分隔的一系列表达式。

⑥ INTO 子句:该子句用于创建新表并将结果行从查询插入到新表中。若要执行带

INTO 子句的 SELECT 语句,必须在目的数据库内具有 CREATE TABLE 权限。

⑦ FROM 子句:这是 SELECT 语句中仅次于 SELECT 的子句,也是对数据库查询中的必选项。FROM 用来指定 SELECT 子句中的字段是从哪个表或者视图中取出的。表或者视图之间用逗号隔开。

⑧ WHERE 子句:该子句是一个可选项。其功能是用来过滤显示结果。只有符合其<search_condition>所指定条件的记录才会在结果中显示出来。可以使用标准比较运算符、逻辑运算符和特殊运算符来检验表达式。

⑨ GROUP BY 子句:该子句也是一个可选项。如果想使用一些统计函数以便得到一些统计信息,那么便可以使用 GROUP BY 子句把这些信息分成不同的组。GROUP BY 关键字后面的分组列可以是任何一列或是某些列的一个序列。

⑩ HAVING 子句:该子句也是一个可选项。HAVING 子句是专门和 GROUP BY 子句相关的,用来过滤分组后的信息。与 WHERE 子句类似。

⑪ ORDER BY 子句:该子句也是一个可选项。ORDER BY 子句用来指出查询结果按哪个字段进行排序,其中 ASC 表示按指定字段升序排序,该项为默认选项。DESC 选项表示按指定的字段降序排序。

2. 注释语句

注释是程序代码中不执行的文本字符串(也称为注解)。使用注释对代码进行说明,可使程序代码更易于理解和维护。注释可用于描述复杂计算或解释编程方法、记录程序名称、作者姓名和主要代码解释等。

在 Microsoft SQL Server 2012 中支持两种类型的注释字符:

(1)--(双连字符):这些注释字符可与要执行的代码处在同一行,也可另起一行。从双连字符开始到行尾均为注释。如果要进行多行注释,必须在每个注释行的开始使用双连字符。

(2)/ * … * /(正斜杠-星号对):这些注释字符可与要执行的代码处在同一行,也可另起一行,甚至在可执行代码内。从开始注释对(/ *)到结束注释对(* /)之间的全部内容均视为注释部分。对于多行注释,必须使用开始注释字符对(/ *)开始注释,使用结束注释字符对(* /)结束注释。

4.1.2　不带条件的查询

使用 SELECT 语句进行一个表的不带条件的查询的语法为:

```
SELECT [ ALL | DISTINCT ]
[ TOP n [ PERCENT ] ]
    <select_list >
FROM { <table_name >}
```

其中,<select_list >部分语法格式如下:

```
{ * | { column_name | expression}
    [ [ AS ] column_alias ]
    | column_alias =expression
```

}［，…，n］

各参数含义如下。

① ＊：代表显示所有字段名。

② column_name：是要返回的字段名。

③ expression：是字段名、常量、函数以及由运算符连接的字段名、常量和函数的任意组合。

④ column_alias：是查询结果集内替换字段名的可选名，也称为别名。column_alias 可用于 ORDER BY 子句。然而，不能用于 WHERE、GROUP BY 或 HAVING 子句。

1. 基本 SELECT 语句

使用 SELECT 语句进行数据库查询之前，首先要分析请求，即要做些什么。通过分析请求，确定要查询哪些内容，这些内容可以从哪些数据表中获得。然后将这些内容逐一替换到 SELECT 语句的相应位置上。下面通过具体的例子来体会一下基本 SELECT 语句的使用。

2. 查询某些字段

在实际的应用中，往往只是想查看某些字段的内容，而不是显示表中所有字段的内容，这时就需要在 SELECT 子句后加上想要查询的字段名。

 相关案例 1

针对"教学管理"数据库，老师想了解学生的学号、姓名、性别和所在专业的相关信息。如何通过 SQL 语句实现？

分析：通过分析可以知道，想要查询的这些信息可以在 student 学生表中获得，本例和【实例 5】不同的是，并不想查询学生表中的所有字段的信息，而只是查询表中某些字段的信息，这时需要提供需要显示的字段名列表。

程序语句为：

```
SELECT student_id,student_name,sex,department
FROM student
```

查询结果如图 4-2 所示。

3. DISTINCT 关键字的使用

上面介绍的最基本的查询方式会返回从表中搜索到的所有行的记录，而不管数据是否重复。使用 DISTINCT 关键字就能够从返回的结果数据集合中删除重复的行，使返回数据集合更加的简洁。

相关案例 2

针对"教学管理"数据库，教师需要查询管理学生专业情况，如何使用 SQL 语句实现？

分析：本例是教师需要查询管理学生专业情况，通过"相关案例 1"可以看到学生专业中有若干重复项，而教师只想知道专业的种类，所以重复项是不必显示的，这时就会用到 DISTINCT 关键字，其作用就是在结果集中删除重复行。

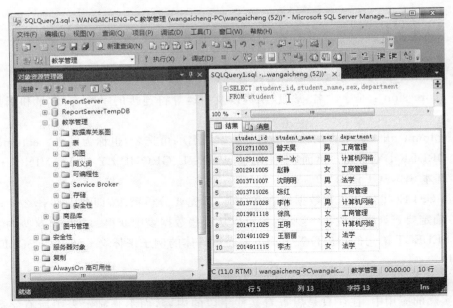

图 4-2 显示学生部分信息

程序语句为：

```
SELECT DISTINCT department
FROM student
```

显示结果如图 4-3 所示。

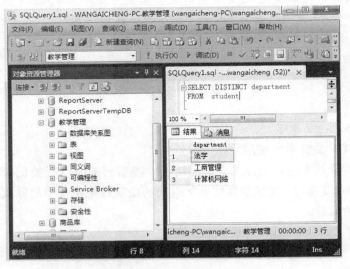

图 4-3 使用 DISTINCT 关键字去掉重复字段

4. TOP、PERCENT 关键字的使用

在 SQL Server 2012 中提供了 TOP 和 PERCENT 关键字，用于指定返回前面 n 行或

前百分之 n 行的数据。当查询到的数据非常多(如有几万行),而只要对前面的若干条数据进行浏览时,使用 TOP 关键字可以大大减少查询所用的时间。

相关案例 3

针对"教学管理"数据库,教师需要了解前 5 位学生的学号、姓名、性别和所在专业信息。

本例指定显示的是学生表中前 5 行的内容,所以在这里使用 TOP 关键字,如果指定显示前百分之几的行,应使用 PERCENT 关键字。

程序语句为:

```
SELECT TOP 5 student_id ,student_name,sex,department
FROM student
```

查询结果如图 4-4 所示。

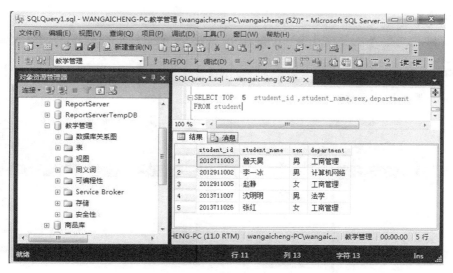

图 4-4 TOP 关键字的使用

5. 列名的操作

在 SQL Server 2012 中提供了在 SELECT 语句中操作列名的方法。可以根据实际需要对查询数据的列标题进行修改,或者为没有标题的列指定临时的标题。

对列名进行操作有 3 种方法,一种是在列表达式后面给出新的列名,即列别名。当使用中文列名时,可以不加引号,但绝对不能使用全角引号,否则查询会发生错误。当使用的英文列名超过两个单词时,必须使用引号将列名括起来。例如,以下语句:

```
SELECT student_id '学号',student_name '姓名',sex '性别',department '专业'
FROM student
```

第 2 种是使用 SQL Server 支持的"="来连接列表达式,例如:

```
SELECT '学号'=student_id, '姓名'=student_name, '性别'=sex, '专业'=department
```

FROM student

第 3 种是在指定列标题时，使用 AS 关键字来连接列表达式和指定的列名，例如：

```
SELECT student_id AS '学号',student_name AS '姓名',sex AS '性别',department 'AS 专业'
FROM student
```

可以联合使用上面介绍的 3 种方法，返回值相同，例如：

```
SELECT student_id AS '学号', student_name '姓名',专业'=department
FROM student
```

相关案例 4

将相关案例 3 中的列名 student_id 显示为"学生编号"，student_name 显示为"姓名"，sex 显示为"性别"，department 显示为"专业"。

程序语句为：

```
SELECT student_id AS '学生编号',student_name AS '姓名',sex AS '性别',department AS '专业'
FROM student
```

查询结果如图 4-5 所示。

图 4-5　指定临时的标题

4.1.3　带条件的查询

WHERE 子句是用来过滤 SELECT 语句从一个表中取出的信息。它包含了一个查询条件，对信息的过滤就是由这个查询条件来完成的。

查询条件包含一个或多个谓词，每个谓词都是一个表达式，检查一个或多个表达式并返回 True 或 False。可以应用 AND、OR、NOT 三个逻辑运算符将多个谓词连在一起组成一个查询条件。

1. 关系表达式

在 WHERE 子句中最常用的一种条件是通过使用一个比较谓词对两个值表达式进行比较。可以用下面的比较谓词操作符来定义 6 种不同类型的比较。

"＝"　　等于　　　　　　"＜"　小于　　　　　　"＜＝"　小于等于
"＜＞"　不等于　　　　　"＞"　大于　　　　　　"＞＝"　大于等于

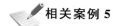　相关案例 5

针对"教学管理"数据库,教师需要查询 1991 年前出生的学生的学号、姓名、出生日期、专业。

程序语句为:

```
SELECT student_id, student_name, birthday, department
FROM student
WHERE birthday>'1991/1/1'
```

查询结果如图 4-6 所示。

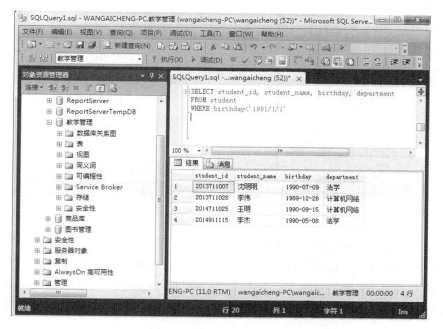

图 4-6　关系表达式的使用

2. 逻辑表达式

在 SQL Server 2012 中常用的逻辑运算符共有 3 个,分别如下。

① NOT:对表达式的结果取反。

② AND:可以连接多个表达式,只有所有表达式的值都为真,最后结果才为真。

③ OR：可以连接多个表达式，只要一个表达式的值为真，最后结果就为真。

相关案例 6

针对"教学管理"数据库，教师需要查询 1991 年前出生的并且是"计算机网络"专业的学生的学号、姓名、出生日期、专业。

程序语句为：

```
SELECT student_id, student_name, birthday, department
FROM student
WHERE birthday>'1991/1/1' AND department ='计算机网络'
```

查询结果如图 4-7 所示。

图 4-7 逻辑表达式的使用

3. BETWEEN…AND 关键字的使用

使用 BETWEEN start AND end 可以检验表达式的值是不是处在 start 至 end 的范围之内，使用 BETWEEN start AND end 的效果可以用＞＝start AND ＜＝end 表达式来代替。使用 NOT BETWEEN start AND end 的效果可用＞end OR ＜start 来代替。

相关案例 7

针对"教学管理"数据库，教师需要查询入学日期介于 2012/3/1 和 2013/9/1 之间的学生的学号、姓名、入学日期、专业。

程序语句为：

```
SELECT student_id, student_name, rxdate, department
```

```
FROM student
WHERE rxdate BETWEEN '2012/3/1' AND '2013/9/1'
```

查询结果如图 4-8 所示。

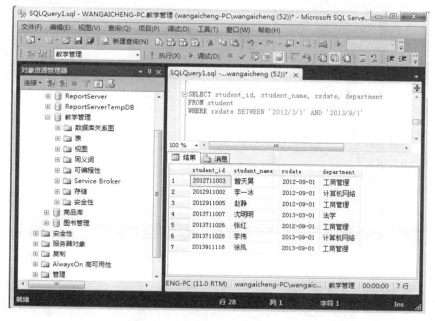

图 4-8 BETWEEN…AND 的使用

针对"教学管理"数据库,教师需要查询入学日期不介于 2012/3/1 与 2013/9/1 之间的学生信息,可使用关键字 NOT,程序语句如下,查询结果如图 4-9 所示。

```
SELECT student_id, student_name, rxdate, department
FROM student
WHERE rxdate NOT BETWEEN '2012/3/1' AND '2013/9/1'
```

4. IN 关键字的使用

IN 关键字的使用是为了更方便地限制检索数据的范围。使用 IN 是检验一个表达式的值是不是在一个给定的值的列表中,该列表由一个或多个值表达式确定。IN 关键字的作用类似逻辑表达式 OR,但有时比 OR 更方便。

相关案例 8

针对"教学管理"数据库,教师需要查询专业属于"计算机网络"、"工商管理"专业,入学日期在 2012/9/1 以后的学生的学号、姓名、入学日期、专业。

程序语句为:

```
SELECT student_id, student_name, rxdate, department
FROM student
WHERE department IN ('计算机网络','工商管理') AND rxdate>='2012/9/1'
```

图 4-9　关键字 NOT 的使用

查询结果如图 4-10 所示。

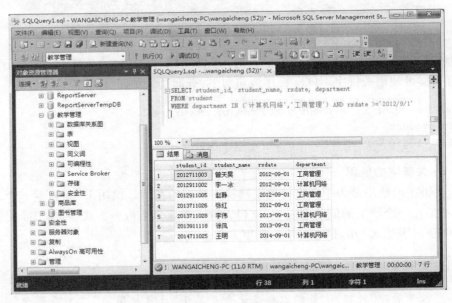

图 4-10　IN 关键字的使用

5．LIKE 模糊查询

LIKE 关键字经常用在需要查找的值类似于一个给定字符串的情况，或者只有一部分的信息作为查询标准的环境中。

LIKE 通常与通配符配合使用。SQL Server 提供了四种通配符，分别如下。

① %：表示从 0 个到 n 个任意字符。

② _：表示 1 个任意字符。

③ []：表示方括号中列出的任意多个字符。

④ [^]：表示任意一个没有在方括号中列出的字符。

相关案例 9

针对"教学管理"数据库，教师需要查询姓"王"的学生的学号、姓名、专业。

程序语句为：

```
SELECT student_id, student_name, department
FROM student
WHERE student_name LIKE '王%'
```

查询结果如图 4-11 所示。

图 4-11　　通配符 % 的使用

相关案例 10

针对"教学管理"数据库，教师需要查询入学日期是 2013 年 3 月，9 月的学生的学号、姓名、入学日期和专业。

程序语句为：

```
SELECT student_id, student_name,rxdate,department
FROM student
WHERE rxdate LIKE '2013-[03,09]%'
```

查询结果如图 4-12 所示。

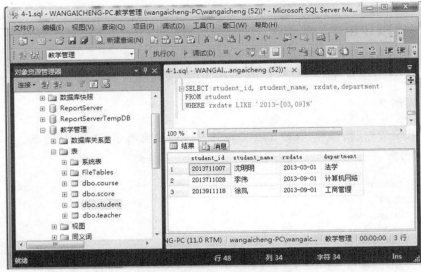

图 4-12　通配符_和[ ]的使用

 相关案例 11

针对"教学管理"数据库,教师需要查询年级除了 12、13 级的学生的学号、姓名、年级和专业。程序语句为:

```
SELECT student_id, student_name,grade,department
FROM student
WHERE grade LIKE '1[^2,3]%'
```

查询结果如图 4-13 所示。

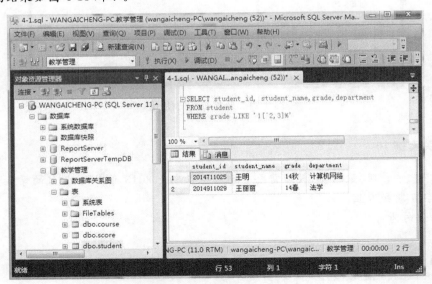

图 4-13　通配符[^]的使用

4.2 【实例 6】函数的使用

实例说明

针对"教学管理"数据库,教师需要统计出学生信息表中男学生的人数。

实例操作

步骤如下。

（1）在查询分析器的编辑窗口中输入如下语句:

```
SELECT COUNT(*) AS '男学生人数'
FROM student
WHERE sex='男'
```

（2）单击工具栏中的"执行"按钮,或按 F5 键,执行修改数据库的命令,完成数据文件的添加,效果如图 4-14 所示。

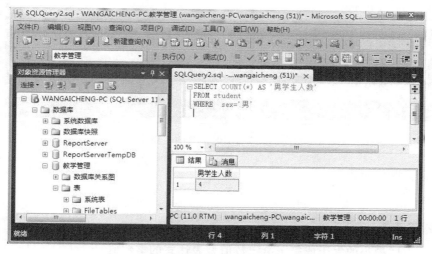

图 4-14　统计出学生信息表中男学生的人数

知识学习

4.2.1　函数的使用

为了对数据库进行查询和修改时更加方便,SQL Server 2012 提供了许多内部函数以方便调用。下面对一些常用的系统函数作一些简单的介绍。

1. 数学函数

（1）求绝对值函数

格式:

ABS(数值型表达式)

功能：返回数值型表达式的绝对值，返回的数据类型与输入的参数表达式的数据类型一致。

相关案例 12

SELECT ABS(2.3),ABS(-19.89),ABS(45-89)

结果如图 4-15 所示。

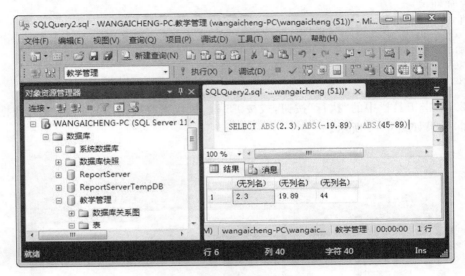

图 4-15　ABS 函数的应用

（2）向上取整函数

格式：

CEILING(数值型表达式)

功能：返回最小的大于或等于给定数值型表达式的整数值。

相关案例 13

SELECT CEILING(24.54),CEILING(-24.54)

结果如图 4-16 所示。

（3）向下取整函数

格式：

FLOOR(数值型表达式)

功能：返回最大的小于或等于给定数值型表达式的整数值。

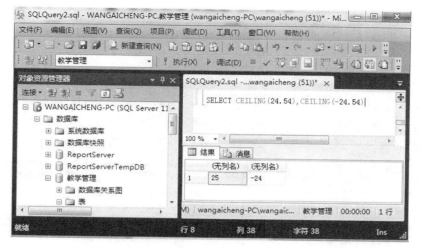

图 4-16　CEILING 函数的应用

相关案例 14

```
SELECT FLOOR(24.54),FLOOR(-24.54)
```

结果如图 4-17 所示。

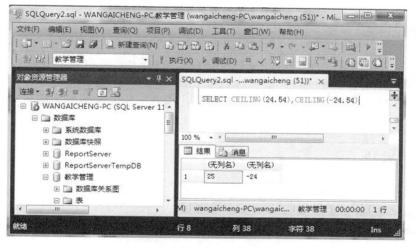

图 4-17　FLOOR 函数的使用

（4）求平方根函数
格式：

SQRT(数值型表达式)

功能：返回数值型表达式的平方根。

90

相关案例 15

SELECT SQRT(36),SQRT(36.00),SQRT(24.54)

结果如图 4-18 所示。

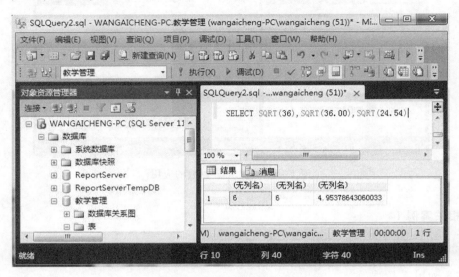

图 4-18　SQRT 函数的使用

（5）随机函数

格式：

RAND()

功能：返回 0～1 之间的一个随机数，如要返回 A～B 之间的一个随机数，遵循公式
A+RAND() * (B−A)

相关案例 16

SELECT RAND(),6+RAND() * (14−6),200+RAND() * 200

结果如图 4-19 所示。

（6）四舍五入函数

格式：

ROUND(数值表达式,整数)

功能：将数值表达式四舍五入，参数"整数"可以是正数、负数和 0，正数表示要进行运
算的位置在小数点后，即保留多少为小数，是否舍入由后一位小数值决定。负数表示要进
行运算的位置在小数点前，是否舍入由本位数值的大小决定。0 表示只保留整数部分，是
否舍入由小数点后第一位小数值决定。

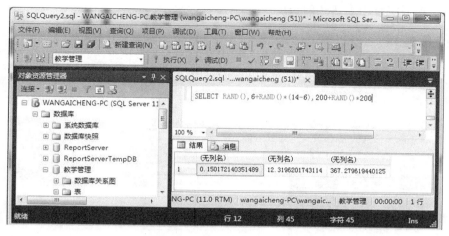

图 4-19　RAND 函数的使用

相关案例 17

```
SELECT ROUND(12345.678,2),ROUND(12345.678,-2),ROUND(12345.678,0),
ROUND(12345.678,-5)
```

结果如图 4-20 所示。

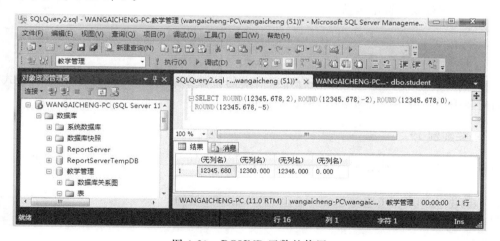

图 4-20　ROUND 函数的使用

2. 字符串函数

SQL Server 为了方便用户进行字符串数据的操作提供了功能全面的字符串函数。下面将对一些常用的字符串函数作一些简单的介绍。

（1）字符串长度函数

格式：

LEN(字符串表达式)

92

功能:返回字符串表达式的长度。

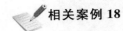相关案例 18

SELECT LEN('STUDENT'),LEN('a student'),LEN('student-王爱诚')

结果如图 4-21 所示。

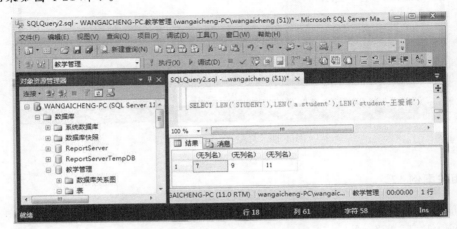

图 4-21　LEN 函数的使用

(2)左侧截取字符串函数

格式:

LEFT(字符型表达式,整型表达式)

功能:返回字符型表达式最左边开始给定的整数个字符。注意,如果整型表达式指定的值超出了字符串的长度,则返回整个字符串。

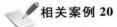相关案例 19

SELECT LEFT('STUDENT',4),LEFT('STUDENT',9)

结果如图 4-22 所示。

(3)右侧截取字符串函数

格式:

RIGHT(字符串表达式,整型表达式)

功能:返回字符串型表达式最右边开始的给定的整数个字符,如果整型表达式指定的值超出了字符串的长度,则返回整个字符串。

相关案例 20

SELECT RIGHT('STUDENT',4),RIGHT('STUDENT',9)

结果如图 4-23 所示。

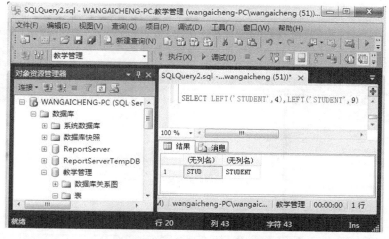

图 4-22　LEFT 函数的使用

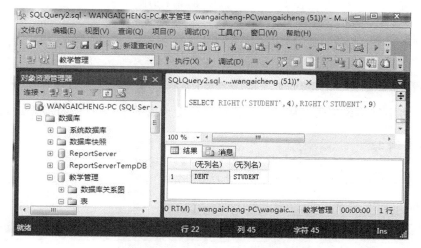

图 4-23　RIGHT 函数的使用

（4）截取字符串函数

格式：

SUBSTRING(字符串,开始位置表达式,结束位置表达式)

功能：返回字符串中从开始位置到结束位置之间的字符串子串。在操作时如果指定的结束位置超出了字符串的长度,则返回从开始位置到字符串结束之间的所有子串。如果指定的开始位置超出了字符串的长度,则返回空串。

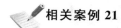 相关案例 21

```
SELECT SUBSTRING('STUDENT',2,5),SUBSTRING('STUDENT',4,2),
SUBSTRING('STUDENT',2,9),SUBSTRING('STUDENT',9,2)
```

结果如图 4-24 所示。

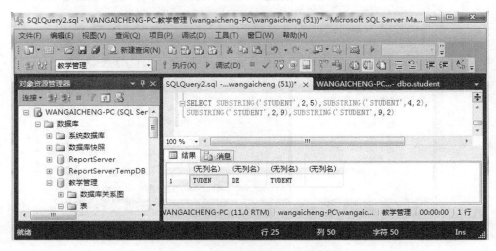

图 4-24　SUBSTRING 函数的使用

（5）替换函数

格式：

STUFF(字符型表达式 1,开始位置,长度,字符型表达式 2)

功能：将字符型表达式 1 从开始位置截取给定长度的子串,由字符型表达式 2 代替。

相关案例 22

SELECT STUFF('Happy new year',7,8,'birthday')

结果如图 4-25 所示。

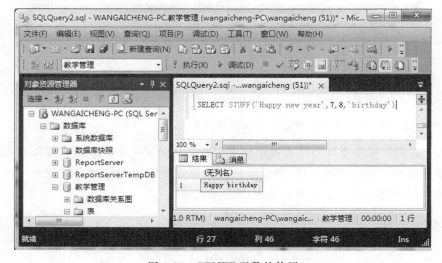

图 4-25　STUFF 函数的使用

（6）删除空格函数

格式：

LTRIM(字符型表达式)

功能：返回删除给定字符串左端空格后的字符串。与 LTRIM 函数相对应的是 RTRIM 函数,其功能是删除给定字符串右侧的空格。

相关案例 23

SELECT LTRIM('　　　　　　Happy new year')

结果如图 4-26 所示。

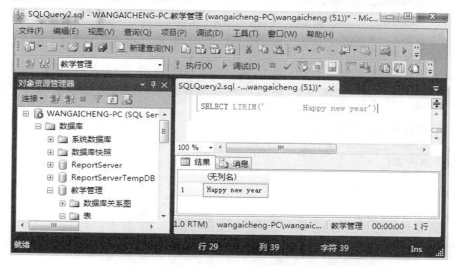

图 4-26　LTRIM 函数的使用

（7）查找字符串函数

格式：

CHARINDEX(字符型表达式 1,字符型表达式 2[,开始位置])

功能：在字符型表达式 2 中从指定的开始位置查找字符型表达式 1,如找到返回字符型表达式 1 在字符型表达式 2 中的开始位置,如未找到返回 0。开始位置默认为 1。

相关案例 24

SELECT CHARINDEX('new','Happy new year'),CHARINDEX('new','Happy new year',8)

结果如图 4-27 所示。

3. 日期函数

在实际运用中,常涉及一些日期转换的问题,为了方便使用,下面对 SQL Server 中常用的一些日期函数进行介绍。

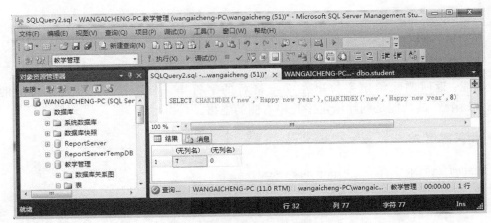

图 4-27 CHARINDEX 函数的使用

（1）系统时间函数

格式：

GETDATE()

功能：返回当前的系统时间。

相关案例 25

SELECT GETDATE()

结果如图 4-28 所示。

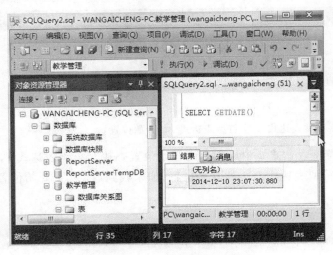

图 4-28 GETDATE 函数的使用

（2）以整数形式返回指定日期部分的函数

格式：

```
DATEPART(datepart,date)
```

功能：以整数形式返回指定的 date 类型数据的指定日期部分。

相关案例 26

```
SELECT DATEPART(year,GETDATE()) AS '年度',DATEPART(month,GETDATE()) AS '月份'
```

结果如图 4-29 所示。

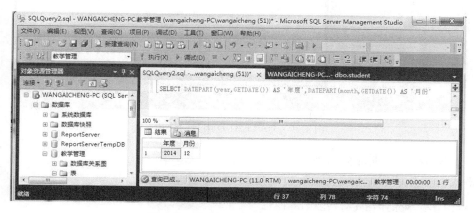

图 4-29　DATEPART 函数的使用

日期类型数据的 Datepart 部分的取值如表 4-1 所示。

表 4-1　Datepart 部分的取值

Datepart 取值	意　义	Datepart 取值	意　义
year	返回日期中的年份	quarter	返回当前的季度
month	返回日期中的月份	dayofyear	返回日期是一年中的第几天
day	返回日期中的日数	week	返回当前是一年中的第几周
weekday	返回星期几的整数值	hour	返回日期中的小时数
minute	返回日期中的分钟数	second	返回日期中的秒数
millisecond	返回日期中的毫秒数		

（3）实现日期加减的函数

格式：

```
DATEADD(datepart,number,date)
```

功能：在给定日期的基础上加上一个整型值，返回加上整型值后的日期。

相关案例 27

```
SELECT DATEADD(day,-1,GETDATE()) AS '昨天',GETDATE() AS '今天',
DATEADD(day,1,GETDATE()) AS '明天'
```

结果如图 4-30 所示。

图 4-30 DATEADD 函数的使用

（4）返回特定日期部分的函数

格式：

DAY(date)/MONTH(date)/YEAR(date)

功能：分别返回日期中的 DAY、MONTH、YEAR 部分的值。

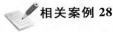相关案例 28

SELECT YEAR(GETDATE()),MONTH(GETDATE()),DAY(GETDATE())

结果如图 4-31 所示。

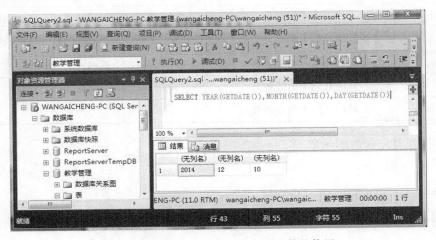

图 4-31 DAY、MONTH、YEAR 函数的使用

4. 统计函数

在日常数据库处理过程中，常会碰到这样一些问题：它们要求对多个不同行中的值

进行计算以得出结果。为了解决这些问题,SQL Server 2012 提供了一系列的统计函数, 使用这些统计函数可以对一个结果集中的行或一个值表达式返回的值进行计算并得出单 个值。一个给定的函数可以应用于所有的行或值,也可以使用 WHERE 子句只对一个指 定的行或值的集合应用统计函数。如表 4-2 所示为常用统计函数。

表 4-2　常用统计函数

统 计 函 数	功　　　能
SUM([ALL|DISTINCT] expression)	计算一组数据的和
MIN([ALL|DISTINCT] expression)	给出一组数据的最小值
MAX([ALL|DISTINCT] expression)	给出一组数据的最大值
AVG([ALL|DISTINCT] expression)	给出一组数据的平均值
COUNT({[ALL|DISTINCT] expression}|*)	计算总行数。COUNT(*)返回行数,包括含有空值的行,不能与 DISTINCT 一起使用

下面来具体看看用这些统计函数解决问题的方法。

(1) COUNT 函数

SQL Server 提供了两种类型的 COUNT 函数。COUNT(*)用于计算结果集中的 行数,而 COUNT(表达式)则对表达式返回的值进行处理。

① COUNT(*)

使用 COUNT(*)可以计算一个结果集中存在多少行。COUNT(*)函数会计算出 一个结果集中的所有行数,包括重复的行和空值的行。

② COUNT(表达式)

COUNT(表达式)函数可以用来计算表达式返回的非空值的数目。一般情况下所说 的 COUNT 的函数就是指该函数。COUNT 函数统计一个值表达式返回的所有值,不论 这些值是否重复,同时将所有空值排除在外。默认情况下重复项是都计算在内的,如果想 将重复项只统计 1 次,可使用 DISTINCT 关键字。

相关案例 29

针对"教学管理"数据库,教师需要统计"学生信息表"中专业的数量。 程序语句为:

```
SELECT COUNT(DISTINCT department) AS '专业数'
FROM student
```

结果如图 4-32 所示。

(2) SUM 函数

在进行数据统计时,可以使用 SUM 函数计算一个数值表达式的总和。该函数将数 值表达式中所有的非空值相加,然后返回最后得到的总数。需要说明的是,如果所有行的 数值表达式都为空值或者 FROM 子句和 WHERE 子句共同返回一个空的结果集,则 SUM 会返回一个空值。

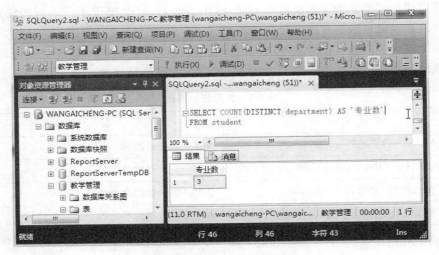

图 4-32　统计非重复项的数目

相关案例 30

针对"教学管理"数据库，教师需要统计"成绩表"中 C002 课程的总分。

程序语句为：

```
SELECT SUM(score) AS '总分'
FROM score
Where course_id='C002'
```

结果如图 4-33 所示。

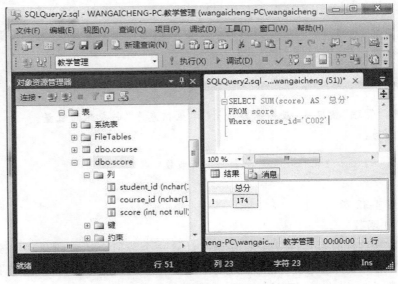

图 4-33　使用 SUM 函数统计信息

（3）AVG 函数

另一个用于统计的函数是 AVG 函数，该函数用来计算一个数值表达式的所有非空值的平均值。

相关案例 31

针对"教学管理"数据库，教师需要统计"成绩表"中 C002 课程的平均成绩。

程序语句为：

```
SELECT AVG(score) AS '平均成绩'
FROM score
Where course_id='C002'
```

结果如图 4-34 所示。

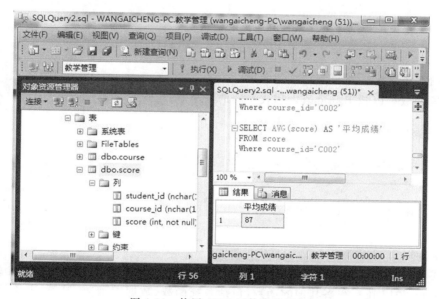

图 4-34　使用 AVG 函数统计信息

（4）MAX 函数

使用 MAX 函数可以找到一个值表达式结果中的最大值。MAX 函数能够处理任何类型的数据，其返回值取决于所处理的数据。

相关案例 32

针对"教学管理"数据库，教师需要统计"成绩表"中的最高成绩。

程序语句为：

```
SELECT MAX(score) AS '最高成绩'
FROM score
```

结果如图 4-35 所示。

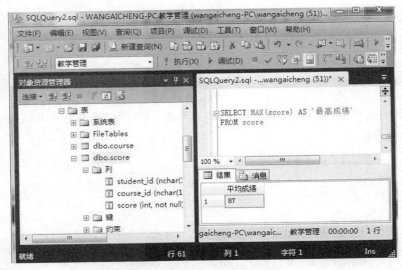

图 4-35　使用 MAX 函数统计信息

（5）MIN 函数

MIN 函数可以找出一个值表达式返回的最小值。

相关案例 33

针对"教学管理"数据库，教师需要统计"成绩表"中的最低成绩。

程序语句为：

```
SELECT MIN(score) AS '最低成绩'
FROM score
```

结果如图 4-36 所示。

上述对 SQL Server 2012 中常用的数值、字符串和时间函数作了简单的介绍，当然 SQL Server 2012 还有很多其他的函数，包括系统函数、数据库函数，等等，限于篇幅无法一一介绍，感兴趣的话可以查阅相关的资料。

4.2.2　排序查询结果

默认情况下，通过 SELECT 语句获得的查询结果一般是没有按规律进行排序的。

在 SQL 语言中，用于排序的是 ORDER BY 子句。使用 ORDER BY 子句的语法如下：

```
ORDER BY order_expression [ASC|DESC]
```

可以指定查询结果按照哪一列来进行排序，默认情况下排序是按照 ASC，即升序进行排序的，如果想按照升序进行排序只要指定排序的列名即可。如果想按照降序进行排序则在指定排序的列名后，还要加关键字 DESC。

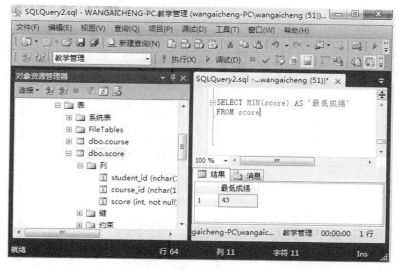

图 4-36　使用 MIN 函数统计信息

相关案例 34

针对"教学管理"数据库，教师需要统计"成绩表"中，分数不在 60～80 之间的记录，显示结果按成绩降序进行排序。

分析：通过阅读题目可以了解到，需要查询"成绩表"中的分数不在 60～70 之间的记录，因此需要在 SELECT 子句中提供列名列表，在 WHERE 子句中即可以使用 NOT BETWEEN…AND 关键字，也可使用 score＞80 OR score＜60 表达式。同时题目要求按成绩降序显示查询结果，所以用到了关键字 DESC，如果要求升序显示，则可省略关键字。

程序语句为：

```
SELECT student_id, course_id, score
FROM score
WHERE score NOT BETWEEN 60 AND 80
ORDER BY score DESC
```

查询结果如图 4-37 所示。

4.2.3　数据的统计

1. 基本 GROUP BY 子句

在使用 4.2.2 小节中介绍的统计函数时，返回的是所有行数据或满足 WHERE 子句给出条件的统计结果。而在日常的应用中经常会按某一列的值进行分类，并在分类的基础上进行查询，这时就需要使用 GROUP BY 子句和统计函数一起来完成统计任务了。

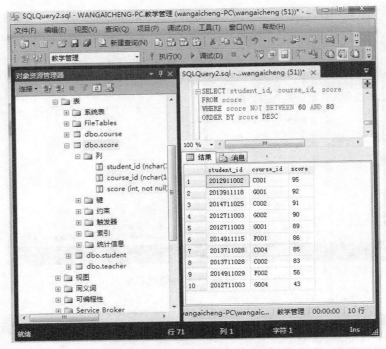

图 4-37 使用 ORDER BY 的查询

 相关案例 35

针对"教学管理"数据库,教师需要统计"学生信息表"中每个专业的人数。

程序语句为:

```
SELECT department as '专业',count (student_id) AS '人数'
FROM student
GROUP BY department
```

查询结果如图 4-38 所示。

2. 使用 HAVING 子句

HAVING 子句的主要作用是当完成数据结果的查询和统计后,可以使用 HAVING
关键字来对查询和统计的结果进行进一步的筛选。

 相关案例 36

针对"教学管理"数据库,教师需要统计"学生信息表"中,人数超过 3 人的专业的
人数。

程序语句为:

```
SELECT department as '专业',count (student_id) AS '人数'
FROM student
GROUP BY department
```

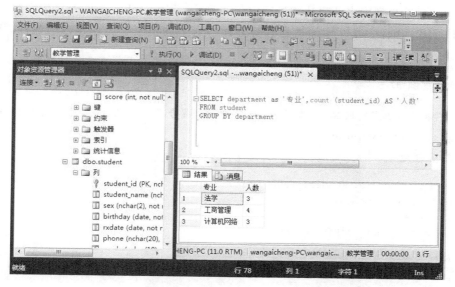

图 4-38　基本 GROUP BY 语句

```
HAVING count (student_id)>3
```

查询结果如图 4-39 所示。

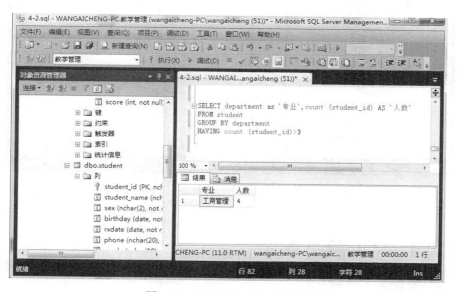

图 4-39　HAVING 子句的使用

4.2.4　生成新表

使用 INTO 子句可以创建新表并将结果行从查询插入新表中。若要执行带 INTO 子句的 SELECT 语句，必须在目的数据库内具有 CREATE TABLE 权限。

根据选择列表中的列和 WHERE 子句选择的行，指定要创建的新表名。new_table

106 的格式通过对选择列表中的表达式进行取值来确定。new_table 中的列将按选择列表指定的顺序创建。new_table 中的每列有与选择列表中的相应表达式相同的名称、数据类型和值。

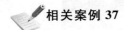 相关案例 37

针对"教学管理"数据库,要查询出"计算机网络"专业的学生信息并将查询结果生成一个新表 student_computer。

程序语句为:

```sql
SELECT student_id, student_name, department
INTO student_computer
FROM student
WHERE department = '计算机网络'
```

查询结果如图 4-40 所示。

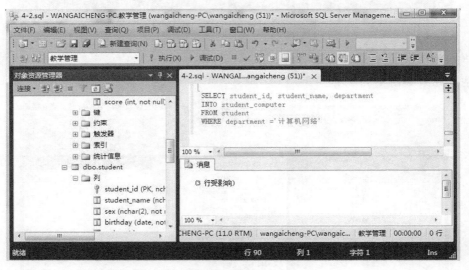

图 4-40　生成新表

实训 4　SQL 简单查询

1. 目的与要求

(1) 掌握 SQL 语句的基本语法。

(2) 掌握 SELECT 语句的各个子句的使用方法。

(3) 学会使用 T-SQL 语句对表进行插入、修改和删除数据的操作。

2. 实训准备

(1) 了解 SELECT 语句的基本语法格式。

(2) 学习使用注释语句。

（3）了解 SELECT 语句中各子句参数的使用方法。

3. 实训内容

（1）查询学生信息表 student 中前 5 条记录。

（2）查询学生信息表 student 的学号、姓名、电话、专业、民族，列名用中文显示。

（3）统计学生信息表 student 中男女学生的人数。

（4）查询学生信息表 student 中"工商管理"专业的人数，并将查询结果生成一个新表，名为 student_gongshang。

（5）显示学生信息表 student 的专业类别，并滤掉重复项。

（6）将学生信息表 student 中籍贯是"北京"的学生查询出来，显示其学生编号和学生姓名。

（7）利用学生信息表 student，统计男女学生人数，并按人数降序显示。

习题 4

1. 查询读者信息表中的读者姓名、性别、出生日期和部门，要求列名用中文显示。

2. 查询图书信息表中库存量大于 20 的图书编号、书名、作者、出版社、版次和定价，列名用中文显示。

3. 统计读者信息表中在银行工作的读者人数。

4. 查询读者信息表中男读者的读者编号、姓名、性别、出生日期和部门，并将查询结果生成一个新表，名为 reader-men。

5. 在借书信息表中插入一条新记录，编号、借阅编号、读者编号、图书编号、借阅时间、借书数量和到期时间的值分别为：12,1,2,3,'2012-8-10',3,'2012-9-10'。

6. 将读者信息表中部门为"计算机系"的读者部门改为"计算机与信息工程系"。

7. 删除第 5 题中插入的记录。

第 **5** 章

高级查询

技能要求

1. 掌握在多个表之间进行数据查询的方法；
2. 掌握连接查询、合并结果集查询的操作方法；
3. 掌握子查询的操作方法。

5.1 【实例 7】连接查询

连接查询可以连接两表查询，也可以连接多表查询。在讲述具体连接查询之前，先来了解一下如何建立一个正确的连接。在通常情况下，连接是建立在一个表的主关键字和另一个表的外关键字之上的，外关键字必须有与主关键字相同的数据类型。

通常，可以把一个字符串类型的列连接到另一个字符串类型的列或表达式上，一个数值型的列可以连接到其他类型的数值型列上，一个日期类型的列可以连接到另一个日期类型的列上，等等。但必须注意的是，连接所使用的列必须具有相同的数据，否则，无法保证连接的正常操作。

连接查询包括自然连接查询、外连接查询、自身连接查询、交叉连接查询，本节将分别加以介绍。

实例说明

本实例将从"教学管理"数据库的 student、course 和 score 三表中查询学生选修的课程和成绩，要求返回的结果中包含学生的学号、姓名、课程名称和成绩。

实例操作

（1）选择"开始"→"所有程序"→Microsoft SQL Server 2012 命令，打开 SQL Server Management Studio 窗口。

（2）选择"文件"→"新建"→"数据库引擎查询"命令，或者单击"新建查询" ⬛ 新建查询(N) 按钮，创建一个查询输入窗口。

（3）在工具栏中单击 master 下拉列表框，在"可用的数据库"列表中选择"教学管理"数据库。

（4）在查询窗口中输入 SQL 语句，语句格式如下：

```
SELECT student.student_id,student.name,student.department,
course.course_name,score.score
FROM student,course,score
WHERE student.student_id=score.student_id
AND score.course_id=course.course_id
```

（5）单击工具栏上的"执行"按钮 执行(X)，执行该 SELECT 查询语句，其操作结果如图 5-1 所示。

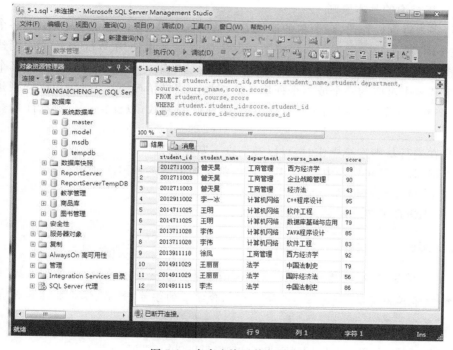

图 5-1　多表查询及执行效果

（6）在上述 SELECT 语句中，SELECT 子句列表中的每个列名前都指定了它的基表，以确定每个列的来源并限定列名。在 FROM 子句中列出了 3 个基表，WHERE 子句中创建了一个同等连接，即通过 student 表中的主键码 student_id 列与 score 表中的student_id 列相连接，通过 course 表中的外键码 course_id 列与 score 表中的 course_id 列相连接。执行上述语句后，得到结果如图 5-1 所示。

知识学习

5.1.1　多表查询的连接条件

在关系型数据库中，将一个查询同时涉及两个以上的表，称为连接查询，连接查询是关系数据库中最重要的查询。在多数情况下,一个 SQL 查询语句一次往往涉及多个表。连接查询主要包括以下几种类型:等值连接查询、非等值连接查询、自然连接查询、自身连接查询、外连接查询、复合条件连接查询。

1. 基本格式

[<表名 1 >.] <字段名 1 ><运算符 >[<表名 2 >.] <字段名 2 >[…]

2. 连接条件运算符

在多表查询中,用来连接多个表的条件称为连接条件。应用于连接条件的运算符可以是比较运算符(=、>、>=、<、<=和!=),也可以是逻辑运算符(NOT、AND 和 OR),还可以是 BETWEEN…AND。

3. 连接查询的基本原则

进行多表查询操作时,最简单的连接方式就是在 SELECT 语句列表中引用多个表在字段,在 FROM 子句中用半角逗号将不同基表隔开。如果使用 WHERE 子句创建一个同等连接,则能使查询结果集更加丰富,同等连接是指第一个基表中的一个或多个列值与第二个基表中对应的一个或多个列值项的连接。通常情况下,一般使用键码列建立连接,即一个基表中的主键码与第二个基表中的外键码一致,以保持整个数据库的参照完整性。

用户在进行基本连接操作时,可以遵循以下基本原则。

- SELECT 子句列表中,每个基表列前都要加上基本名称。
- FROM 子句应包括所有使用的基表。
- WHERE 子句应定义一个同等连接。

相关案例 1

针对"教学管理"数据库中的 student、course 和 score 三表,查询"计算机网络"专业的学生选修的课程和学分,要求返回的结果中包含学生的学号、姓名、课程名称和成绩,格式如下:

```
SELECT student.student_id,student.name,student.department,
course.course_name,score.score
FROM student,course,score
WHERE student.student_id=score.student_id
AND score.course_id=course.course_id
ANDstudent.department='计算机网络'
```

上述语句中通过逻辑运算符 AND 连接了多个条件,形成了"与"的关系,当所有条件都为"真"时才返回结果集。执行上述语句后结果如图 5-2 所示。

4. 为基表定义别名

当进行多于两个基本的连接操作时,如果需要引用多个目标列,而且每个列前都要使用基表名称来限定,则会使语句显得长而杂乱。因此,可以使用为基表定义别名的方法来简化语句,以增强可读性。

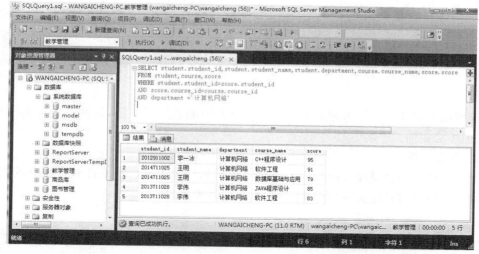

图 5-2　连接查询效果

相关案例 2

从"教学管理"数据库的 student、course 和 score 三表中查询"计算机"专业的学生选修的课程和成绩,要求返回的结果中包含学生的学号、姓名、课程名称和成绩,使用别名进行修改后的语句如下:

```
SELECT A.student_id,A.student_name,A.department,B.course_name,C.score
FROM student A,course B,score C
WHERE A.student_id=C.student_id
AND C.course_id=C.course_id
AND A.department='计算机网络'
```

上述语句的 FROM 子句中,对 student、course、score 3 个基表都分别定义了别名 A、B、C,那么在限定列名时就可以使用这些别名,以简化语句,其执行结果与图 5-2 相同。

5.1.2　内连接

内连接是比较常用的一种数据查询方式。它使用比较运算符进行多个基表间的数据的比较操作,并列出这些基表中与连接条件向匹配的所有的数据行。一般用 INNER JOIN 或 JOIN 关键字来指定内连接,它是连接查询默认的连接方式,分为等值连接、非等值连接和自然连接 3 种。

1. 内连接类型

- 等值连接:若连接条件中的运算符是关系相等符(=),则称为等值连接。
- 非等值连接:若连接条件中的运算符是>、>=、<、<=和!=之一时,称为非等值连接。
- 自然连接:若在等值连接中,把结果表中重复的字段去掉,则这样的等值连接称为自然连接。

2. 内连接的语法格式

SELECT 字段列表
FROM 表名 INNER JOIN 表名 2 [ON 连接字段]
WHERE 条件表达式
ORDER BY 排序字段

连接条件中的字段称为连接字段。连接条件中的各连接字段,其数据类型必须是可比的,但不必相同。

3. 等值连接

等值连接查询就是在连接条件中使用比较运算符等于号(＝)来比较连接列的列值,其查询结果中列出被连接表中的所有列,并且包括重复列。

相关案例 3

本例主要学习有关等值连接的表达式书写格式,从"教学管理"数据库的 student 和 score 两表中,列出每个同学及其选修课程的详细清单,语句格式如下:

```
SELECT student.*,score.*
FROM student,score
WHERE student.student_id=score.student_id
```

执行以上语句,效果如图 5-3 所示,其中有两个 student_id 字段。

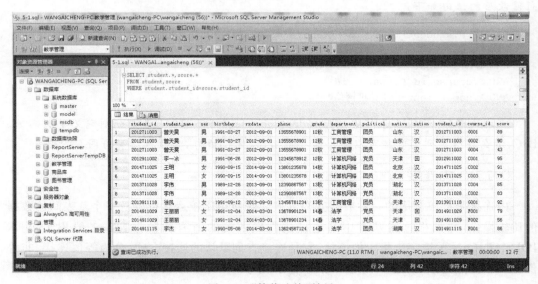

图 5-3 "等值连接"效果

相关案例 4

本例主要学习使用 INNER JOIN 表示的等值连接方法,从"选课管理"数据库的 student 和 score 两表中,列出每个同学及其选修课程的详细清单,语句格式如下:

```
SELECT A.student_id,A.student_name,A.sex,A. native,B.score
FROM studentA INNER JOIN score B
ON A.student_id=B.student_id
```

执行以上语句,效果如图 5-4 所示。

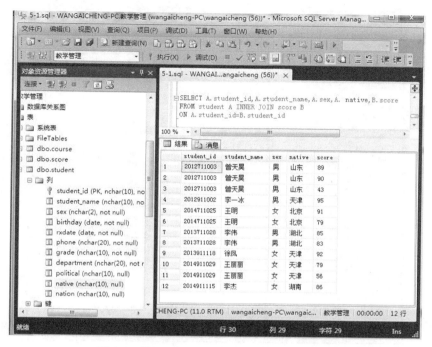

图 5-4 "INNER JOIN 表示的等值连接"效果

4. 非等值连接

非等值连接查询就是在连接条件中使用除了等于号之外的比较运算符,来比较连接列的列值。在非等值连接中,可以使用的比较运算符有: $>$、$<$、$>=$、$<=$、$<>$,也可以使用范围运算符 BETWEEN。

相关案例 5

在"教学管理"数据库的 student 表和 score 表中,查询出所有考试成绩大于等于 60 的学生的成绩信息,包括学生的学号、姓名、性别、专业及成绩,并且按照 score 进行降序排列。完成查询的语句如下:

```
SELECT A.student_id,A.student_name,A.sex,A.department,B.course_id,B.score
FROM student A INNER JOIN score B
ON A.student_id=B.student_id
AND B.score>=60
ORDER BY B.score DESC
```

上述 SELECT 语句中,首先在 FROM 子句中指定数据的来源是 student 表和 score

表，INNER JOIN 则说明这是内连接查询，在 ON 关键字后的内连接的条件，其中使用了非等值符号">="，接下来使用 ORDER BY 子句对结果进行排序，最终返回的结果如图 5-5 所示。

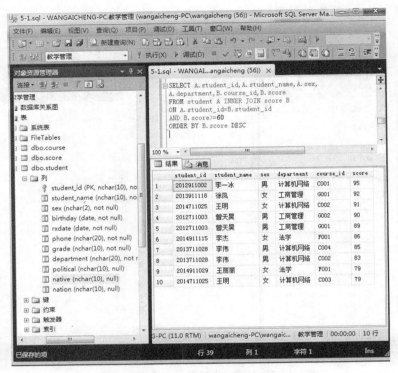

图 5-5 "非等值连接"效果

5. 自然连接

自然连接查询是在连接条件中使用比较运算符比较连接列的列值，但它使用选择列表指出查询结果集中所包括的列，并删除连接表中的重复列。在使用自然连接查询时，它为具有相同名称的列自动进行记录匹配。

在自然连接的条件表达式中，是将各表的主码和外码进行等值连接。

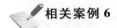 相关案例 6

在 student 表和 score 表中创建一个自然连接查询，限定条件为两表中的学号相同，返回学生的学号、姓名、性别、专业、课程代号和成绩信息。程序语句如下：

```
SELECT DISTINCT A.student_id,A.student_name,
A. sex,A.department,B.course_id,B.score
FROM studentA INNER JOIN scoreB
ON A.student_id=B.student_id
```

执行效果如图 5-6 所示。

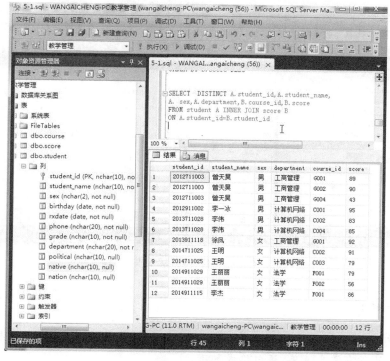

图 5-6　"自然连接"效果

5.1.3　自身连接

所谓自身连接查询，就是表与其自身的一种连接技术，这种技术类似于连接两张不同的表。这类连接可用于查询表内数据的一致性。可以查看在表中输入的数据是否出现重复项。

相关案例 7

针对"教学管理"数据库，在 student 表中，教师需要查询学生姓名相同但出生日期不同的学生的信息。程序语句为：

```
SELECT A.student_id,A.student_name,A.sex,A.birthday,A.department
FROM reader AS A INNER JOIN reader AS B
ON A.student_name =B. student_name AND (A.birthday <>B.birthday)
```

显示结果如图 5-7 所示。

5.1.4　复合条件连接

在多表操作中，复合条件连接的使用最为广泛。在 WHERE 子句中，若有多个连接条件，则称为复合条件连接。

复合条件连接的语句书写方法是：先书写自然连接的条件表达式，然后通过逻辑运算符，再写出其他的附加限定条件。

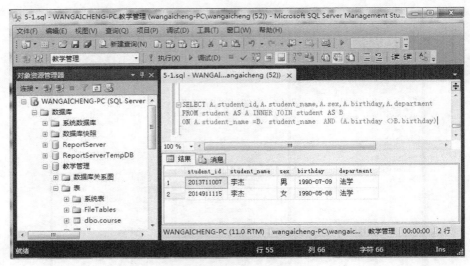

图 5-7　"自身连接"效果

相关案例 8

在"教学管理"数据库的 student 表和 score 表中，查询出选修了 C001 课程并且 score 在 90 分以上的所有学生清单，语句格式如下：

```
SELECT A.student_id,A.student_name,A.sex,A.birthday,A.department
FROM student AS A,score AS B
Where A.student_id =B. student_id
    AND B.course_id='C001'
    AND B.score>80
```

执行效果如图 5-8 所示。

图 5-8　"复合条件连接"效果

5.1.5 外连接

在通常的连接操作中，只有满足连接条件的记录才能作为结果输出，即当至少有一个同属于两个表的行符合连接条件时，内连接才返回行。但是外连接会返回 FROM 子句中提到的至少一个表或视图中的所有符合任何搜索条件的行。

在外连接中参与连接的表有主从之分，用主表中的每行数据区匹配从表中的数据行，如果符合连接条件，则直接返回到查询结果中；如果主表中的行在从表中没有找到匹配的行，则在内连接中将丢弃不匹配的行。与内连接不同的是，在外连接中主表的行仍然保留，并且返回到查询结果中，相应的从表中的行中被填上空值后也返回到查询结果中。

内连接可以消除与另一个表的任何不匹配的行，外连接返回所有匹配的行和一定的不匹配的行，这主要取决于建立的外连接类型，外连接可以分为 3 种类型。

1. 左外连接

左外连接包括第一个命名表（"左"表，出现在 JOIN 子句的最左边）中的所有行，但不包括右表中的不满足条件的行，即返回所有的匹配的行并从关键字 JOIN 左边的表中返回所有不匹配的行。

在左外连接的 SELECT 语句中，使用 LEFT OUTER JOIN 关键字对两个表进行连接。左外连接的查询结果中包含指定左表的所有行，而不仅仅是连接列所匹配的行。如果左表的某行在右表中没有找到匹配的行，则结果集中的右表的向对应的位置为 NULL。

使用左外连接的一般语法结构为：

```
SELECT 字段列表
FROM 表名 1 LEFT OUTER JOIN 表名 2 [ON 连接字段]
WHERE 条件表达式
ORDER BY 排序字段
```

其中，OUTER JOIN 表示外连接，而 LEFT 表示左外连接的关键字，因此，表 1 为主表，表 2 为从表。

相关案例 9

在"教学管理"数据库的 student 表中，一个学号对应一名学生，在 score 表中保存了所有学生的考试 score，而且在 student 表中的学生并不一定都有考试 score。因此，可以使用这两个表作为左外连接，语句如下：

```
SELECT A.student_id,A.student_name,B.course_id,B.score
FROM student A LEFT OUTER JOIN score B
ON A.student_id=B.student_id
```

上述语句返回的结果显示学生的学号、姓名、课程代号和 score，学生信息表为主表，score 表为从表，执行后返回的结果如图 5-9 所示。从结果中可以看出，学生信息表的所有内容都分别返回，由于部分学生没有 score 信息，因此产生不匹配的结果，对于不匹配的结果，课程代程和 score 两项显示为 NULL 值。

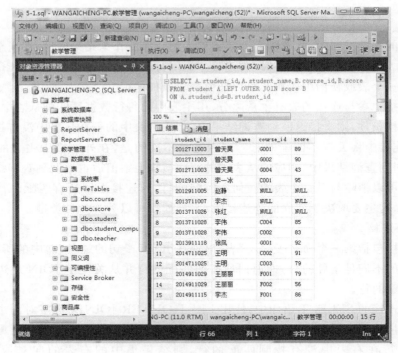

图 5-9 "左外连接"效果

2. 右外连接

右外连接是左外连接的反向连接,只不过在查询结果集中包括的是指定右表的所有行。右外连接包括第二个命名表("右"表,出现在 JOIN 子句的最右边)中的所有行,但不包括左表中不满足条件的。

在右外连接的 SELECT 语句中,使用 RIGHT OUTER JOIN 关键字对两个表进行连接。如果右表的某行在左表中没有找到匹配的行,则结果集中,左表的属性为 NULL。

相关案例 10

在"教学管理"数据库的 student 表和 score 表中,使用右外连接,查询学生的考试成绩信息,语句如下:

```
SELECT A.student_id,A.student_name,B.course_id,B.score
FROM student A RIGHT OUTER JOIN score B
ON A.student_id=B.student_id
```

使用右外连接后,score 表成为主表,student 表成为从表,而且由于主表中的所有数据在从表中都可以找到匹配的数据,因此返回的结果中没有 NULL 值,执行结果如图 5-10 所示。

3. 完整外部连接

完整外部连接将两个表中的记录按连接条件全部进行连接,包括所有连接表中的所有行,不论它们是否匹配。

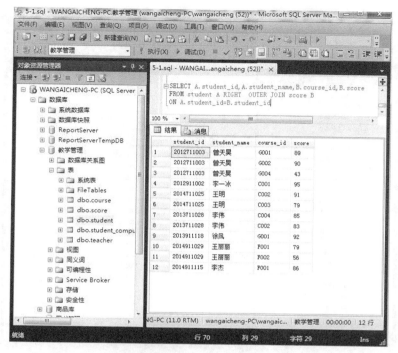

图 5-10 "右外连接"效果

完整外部连接的 SELECT 语句使用 FULL OUTER JOIN 关键字对两个表进行连接。这种连接方式返回左表和右表中的所有行。当某行在一个表中没有匹配行时,则另一个表与之相对应列的值为 NULL。如果表之间有匹配的行,则整个结果集包含表的数据值。

相关案例 11

在 course 表和 score 表中使用完全连接,语句如下:

```
SELECT A.course_id,B.score
FROM course A FULL OUTER JOIN score B
ON A.course_id=B.course_id
```

执行上述语句后,查询结果如图 5-11 所示。在上述查询结果中包含了一些由 NULL 值的数据,尽管这些行没有匹配的列,但在查询结果中仍然被包含进去。这是因为在完全连接查询中,无论左表和右表是否能够找到匹配的行,它都在查询结果中显示该行,在找不到匹配的行的位置上用 NULL 值代替。

5.1.6 交叉连接

当对两个基表使用交叉连接查询时,将生成来自这两个基表的各行的所有可能的组合。交叉连接的语法格式为:

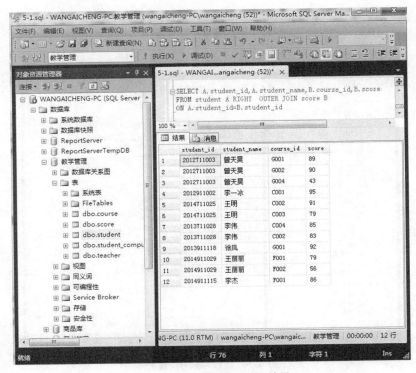

图 5-11 "完整外部连接"效果

```
SELECT 字段列表
FROM 表名 1 CROSS JOIN 表名 2
[WHERE 连接条件表达式]
[ORDER BY 排序字段 ]
```

在交叉连接中,查询条件一般限定在 WHERE 子句中,查询生成的结果集可分为两种情况。

1. 不使用 WHERE 子句

当交叉连接查询语句中没有使用 WHERE 子句时,返回的结果集是被连接的两个基表的所有行的笛卡儿积,即返回到结果集中的行数等于一个基表中符合查询条件的行数乘以另一个基表中符合查询条件的行数。

2. 使用 WHERE 子句

当交叉连接查询语句中使用 WHERE 子句时,返回的结果集是被连接的两个基表的所有行的笛卡儿积减去 WHERE 子句条件搜索到的行数的所有行数。在示例数据库 WebShop 中基本表 Goods 中有 15 条记录,基本表 Types 中有 15 条记录。

卡氏积连接后的记录总数为 15 乘以 10,即 150 条记录。

连接运算中还有一种特殊情况,即卡氏积连接,卡氏积是不带连接谓词的连接。两个表的卡氏积即是两表中记录的交叉乘积,即其中一个表中的每一记录都要与另一个表中的每一记录进行拼接,因此结果表往往很大。

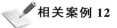

相关案例 12

在"教学管理"数据库中,对 student 表和 score 表进行交叉查询,要求查询返回所有学生学号、姓名、成绩。使用带 CROSS JOIN 的 SELECT 语句如下:

```sql
SELECT A.student_id,A.student_name,B.score
FROM student A CROSS JOIN score B
WHERE A.course_id=B.course_id
```

执行上述语句的查询结果如图 5-12 所示。从交叉连接的语句及其返回结果中可以看出,实际上交叉连接和使用逗号的基本连接操作非常相似,唯一不同之处在于交叉连接使用 CROSS JOIN 关键字,而基本连接使用逗号操作符。

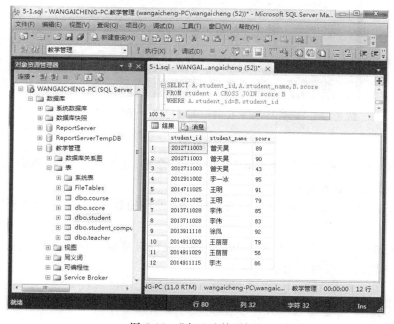

图 5-12　"交叉连接"效果

5.2 【实例 8】子查询

实例说明

本案例将在"教学管理"数据库中查询与列出与"李杰"同学在同一个班级的所有女学生的个人信息,效果如图 5-13 所示。

实例操作

(1) 选择"开始"→"程序"→Microsoft SQL Server 2012 命令,打开 SQL Server Management Studio 窗口,使用"Windows 身份验证"或"SQL Server 身份验证"建立

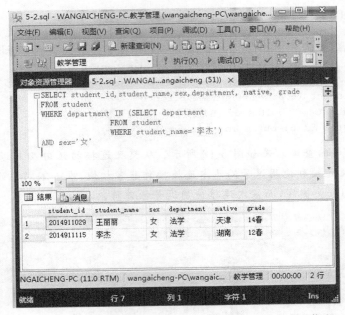

图 5-13 与"李杰"同学在同一个班级的所有女学生个人信息

连接。

(2) 选择"文件"→"新建"→"数据库引擎查询"命令,或者单击"新建查询" 按钮,创建一个查询输入窗口。

(3) 在工具栏中单击 master 下拉列表框,在"可用的数据库"列表中选择"教学管理"数据库。

(4) 首先要知道"李杰"所属的班级,再根据该班级获取同班学生的相关信息。确定"李杰"同学所属的班级的语句格式如下:

```
SELECT department
FROM student
WHERE student_name='李杰'
```

(5) 要查询与"李杰"同一个班级的学生信息,在查询窗口内输入 SQL 语句,语句格式如下:

```
SELECT student_id,student_name,sex,department, native, grade
FROM student
WHERE department IN (SELECT department
        FROM student
        WHERE student_name='李杰')
AND sex='女'
```

(6) 单击工具栏中的"执行"按钮 ![执行] ,执行该 SELECT 查询语句,其操作结果如图 5-13 所示。在上述 SELECT 语句中,采用分步书写的查询,即将第一步查询嵌入第二步查询中,作为构造第二步查询的条件。

知识学习

5.2.1　带有 IN 的子查询

在嵌套查询中,因为一个子查询的结果往往是一个集合(多条记录),特殊运算符 IN 在嵌套查询中,经常被使用。带有 IN 谓词的子查询是指父查询与子查询之间用 IN 进行连接,判断某个属性列值是否在子查询的结果中。由于在嵌套查询中,子查询的结果往往是一个集合,所以谓词 IN 是嵌套查询中最经常使用的谓词。

IN 关键字用来判断一个表中指定列的值是否包含在已定义的列表中,或在另一个表中。通过使用 IN 关键字把原表中目标列的值和子查询的返回结果进行比较,如果列值与子查询的结果一致或存在与之匹配的数据行,则查询结果集中就包含该数据行。

相关案例 13

要查询选修了课程代号为 C001 且是“计算机网络”专业的学生学号、姓名、专业、课程名称、成绩。

语句如下:

```
SELECT A. student_id,A.student_name,A.department,B.course_id,B.score
FROM student A INNER JOIN score B
ON A. student_id =B. student_id
WHERE A. student_id IN
(SELECT student_id FROM score WHERE course_id ='C001')
    AND department ='计算机网络'
```

上述查询语句中,WHERE 子句中的括号内查询后得出选修了课程代号为 C001 的学生学号,这个结果包括多个值在外围使用 IN 进行匹配。将该结果作为限定条件来获取 student 表中的数据并添加专业条件为“计算机网络”,最终的查询结果如图 5-14 所示。

如果在上述 SELECT 子查询语句中使用 NOT IN 进行匹配,则会返回相反的结果集,即“计算机”专业中没有选修 C001 课程的学生信息。修改后的查询语句如下,查询结果如图 5-15 所示。

```
SELECT A.student_id,A.student_name,A.department,B.course_id,B.score
FROM student A INNER JOIN score B
ON A. student_id =B. student_id
WHERE A. student_id NOT IN
  (SELECT student_id FROM score WHERE course_id= 'C001')
AND department ='计算机网络'
```

5.2.2　带有 ANY 或 ALL 的子查询

与使用 IN 关键字引入的子查询一样,由比较运算符与一些关键字引入的子查询返回一个值列表。

1. 比较运算符的子查询的基本语法格式

使用比较运算符的子查询的基本语法格式为:

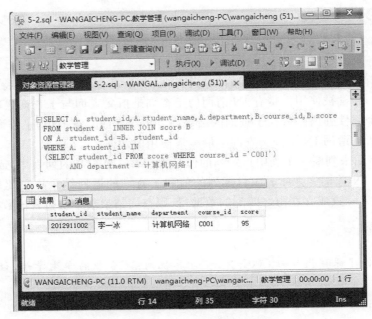

图 5-14　选修了 C001 的学生信息效果

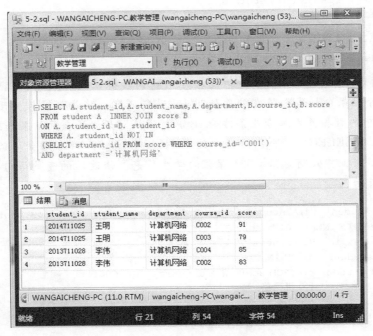

图 5-15　没有选修 C001 的学生信息效果

SELECT 字段列表
FROM 表名
WHERE 表达式 operator [ANY|ALL|SOME] 子查询语句

operator 表示比较运算符,带有比较运算符的子查询是指父查询与子查询之间用比较运算符进行连接。ANY、ALL 和 SOME 是 SQL 支持的在子查询中进行比较的关键字。ANY 和 SOME 表示如果返回值中至少有一个值的比较为真,那么就满足搜索的条件。如果子查询没有返回值,那么就不满足搜索条件。ALL 表示无论子查询返回的每个值的比较是否是真或有无返回值,都满足搜索条件。当用户能确切知道内层查询返回的是单值时,可以用>、<、=、>=、<=、!=或<>等比较运算符。单值情况下使用=,多值情况下使用 IN 或 NOT IN 谓词。

2. ANY 和 ALL 运算符的含义

子查询返回单值时可以用比较运算符,而使用 ANY 或 ALL 谓词时则必须同时使用比较运算符,其含义如表 5-1 所示。

表 5-1　ANY 和 ALL 运算符的含义

运算符	含　义	运算符	含　义
>ANY	大于子查询结果中的某个值	<=ANY	小于等于子查询结果中的某个值
>ALL	大于子查询结果中的所有值	<=ALL	小于等于子查询结果中的所有值
<ANY	小于子查询结果中的某个值	=ANY	等于子查询结果中的某个值
<ALL	小于子查询结果中的所有值	=ALL	等于子查询结果中的所有值
>=ANY	大于等于子查询结果中的某个值	!=ANY	不等于子查询结果中的某个值
>=ALL	大于等于子查询结果中的所有值	!=ALL	不等于子查询结果中的任何一个值

3. ALL 的表达式书写方式

ALL 谓词允许将单个列或表达式与一个列表进行比较,以确定该列或表达式是否在列表中。换句话说,这个列或表达式相当于列表中的一个成员。如果想要知道列或表达式是否比列表中某一个、全部或者部分条目大或者小,则可以使用定量谓词。

基本语法为:

```
SELECT Value Expression [AS alias]
FROM Table Reference
WHERE Value Expression [=/ <>/ </ >/ <=/ >=] ALL (SELECT Expression)
```

在这种情况下,SELECT 表达式必须是返回单列任意数目行的表子查询。当子查询返回超过一行时,这些行中的值就形成一个列表。可以看到,比较操作符通过 ALL 谓词(或 ANY 谓词),将单个表达式与子查询结果列表做比较,使用 ANY 或 ALL 谓词时则必须同时使用比较运算符。

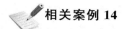　**相关案例 14**

本例将学习有关 ALL 的表达式书写格式,要查询出其他专业中比"计算机网络"专业所有学生年龄大的学生清单。可用带 ALL 关键字的 SELECT 查询语句,如下:

```
SELECT student_id,student_name,birthday,department
```

126

```
FROM student
WHERE birthday >ALL (SELECT birthday FROM student
        WHERE department='计算机网络')
    AND department! ='计算机网络'
```

语句执行效果如图 5-16 所示。本例也可以使用集合函数实现,要查询出其他专业中比"计算机网络"专业所有学生年龄大的学生清单,可使用集合函数实现的 SELECT 查询语句如下:

```
SELECT student_id,student_name,birthday,department
FROM student
WHERE birthday > (SELECT MAX(birthday) FROM student
        WHERE department='计算机网络')
    AND department! ='计算机网络'
```

语句执行效果如图 5-17 所示。

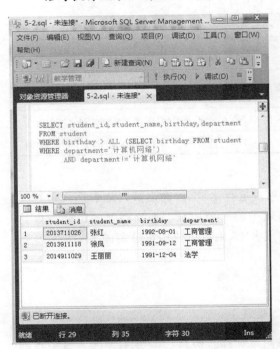

图 5-16　带有 ALL 子查询效果

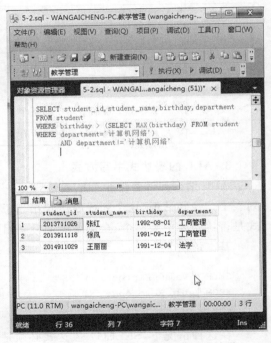

图 5-17　集合函数实现【实例 13】效果

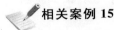 相关案例 15

本例将学习有关自然连接和 ALL 的表达式书写格式,要查询所有成绩大于学号为"2014911029"学生的成绩的学生,要求列出学生的学号、姓名、专业、课程名称和成绩,SELECT 查询语句如下:

```
SELECT A.student_id,A.student_name,A.department,
    B.course_name,C.score
```

```
FROM student A, course B, score C
WHERE A.student_id=C.student_id
    AND B.course_id=C. course_id
    AND C.score>ALL (SELECT score FROM score C
                        WHERE C.student_id=' 2014911029')
```

语句执行效果如图 5-18 所示。

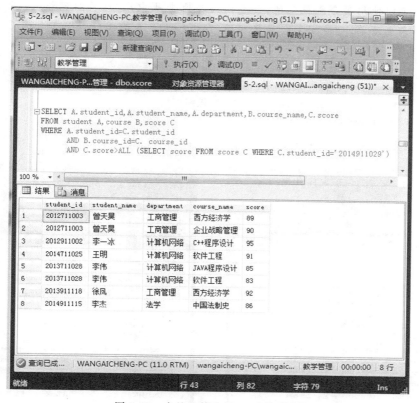

图 5-18 自然连接和 ALL 查询效果

4. ANY 的表达式书写方式

ANY 关键字与 ALL 关键字不同的是,ANY 是用来查看所要查询的值是否在子查询返回的数据中出现过,而 ALL 关键字是查看两个值是否精确匹配。

基本语法为:

```
SELECT Value Expression [AS alias]
FROM Table Reference
WHERE Value Expression [=/ <>/ </ >/ <=/ >=] ANY (SELECT Expression)
```

相关案例 16

本例将学习有关 ANY 的表达式书写格式,要查询出其他专业中比"计算机网络"专业某一个学生年龄大的学生清单。可用带 ANY 关键字的 SELECT 查询语句如下:

```
SELECT student_id,student_name,birthday,department
FROM student
WHERE birthday >ANY (SELECT birthday FROM student
                     WHERE department='计算机网络')
      AND department! ='计算机网络'
```

语句执行效果如图 5-19 所示。

本例也可以使用集合函数实现,要查询出其他专业中比"计算机网络"专业某一个学生年龄大的学生清单,可使用集合函数实现的 SELECT 查询语句如下:

```
SELECT student_id,student_name, birthday,department
FROM student
WHERE birthday > (SELECT MIN(birthday) FROM student
                 WHERE department='计算机网络')
      AND department! ='计算机网络'
```

语句执行效果如图 5-20 所示。

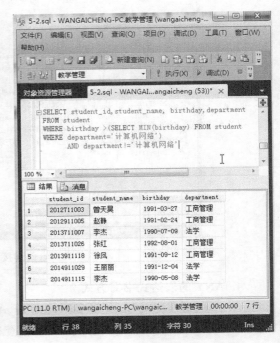

图 5-19 带有 ANY 子查询效果   图 5-20   集合函数实现【实例 15】效果

5.2.3 带有 EXISTS 的子查询

1. EXISTS 关键字的含义

在 SQL 语言中,关键字 EXISTS 代表"存在"的含义,它只查找满足条件的那些记录,一旦找到第一个匹配的记录后,则马上停止查找。带 EXISTS 的子查询不返回任何记录,只产生逻辑值"真"(TRUE)或者逻辑值"假"(FALSE),它的作用是在 WHERE 子句中测试子查询返回的行是否存在。如果存在,则返回真值;如果不存在,则返回假值,即表明找到或者没有找到的含义。

2. EXISTS 和 NOT EXISTS 的使用

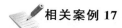 **相关案例 17**

本例将学习有关 EXISTS 的表达式书写格式,列出所有选修了课程 C001 的学生清单。可用带 EXISTS 关键字的 SELECT 查询语句如下:

```
SELECT student_id,student_name,department
FROM student
WHERE EXISTS
    (SELECT * FROM score
    WHERE student_id=student.student_id AND course_id='C001')
```

上述语句执行时,首先执行括号中的查询,如果有返回值再执行括号外的 SELECT 语句,否则不返回任何值。本例中语句执行效果如图 5-21 所示。

图 5-21 带有 EXISTS 子查询效果

使用 NOT EXISTS 关键字,则与 EXISTS 相反,当子查询返回空行或查询失败时,外查询成功,当子查询返回非空行或成功时,外查询失败。

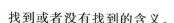 **相关案例 18**

本例将学习有关 NOT EXISTS 的表达式书写格式,列出所有没有选修 C001 课程的学生清单,SELECT 查询语句如下:

```
SELECT student_id,student_name,department
FROM student
```

WHERE NOT EXISTS
(SELECT * FROM 成绩 WHERE student_id=student.student_id
        AND course_id='C001')

　　使用 NOT EXISTS 后,若内层查询结果为"空",则外层的 WHERE 子句返回逻辑
"真"值,否则返回"假"值。本例中语句执行效果如图 5-22 所示。

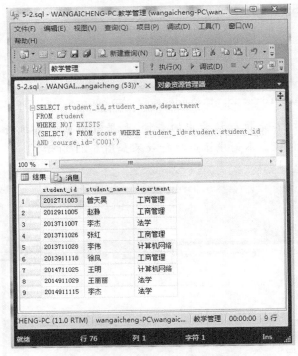

图 5-22　带有 NOT EXISTS 子查询效果

3. 内连接和 EXISTS 的使用

相关案例 19

　　本例将学习有关内连接和 EXISTS 的表达式书写格式,在"选课管理"数据库中,对于
成绩大于等于 90 的数据进行查询,如果存在满足条件的考试成绩,则列出学生的学号、姓
名、性别、专业、课程代号和成绩。查询语句如下:

```
SELECT A.student_id,A.student_name,A.sex,A.department,
    B.course_id,B.score
FROM student A INNER JOIN score B
    ON A.student_id=B.student_id
WHERE EXISTS
    (SELECT * FROM score WHERE score>=90)
```

　　上述语句执行时,首先执行括号中的查询,如果有返回值再执行括号外的 SELECT
语句,否则不返回任何值。本例中语句执行效果如图 5-23 所示。

图 5-23 带有 EXISTS 子查询效果

4. EXISTS 语法说明

（1）使用 EXISTS 后，若内层查询结果非空，则外层的 WHERE 子句返回真值 TRUE，否则返回假值 FALSE。

（2）EXISTS 作用的不是列之间的关系，而是表之间的关系。采用的既不是等号，也不是 IN，所以在 SELECT 列表中不需要制定字段名，通常用 SELECT ＊ 来代替。

（3）EXISTS 通常使用一个所谓的关联子查询，该子查询并不在它自己的查询中运行。为了实现关联子查询，SQL 服务器必须对外查询的每一条记录都执行一次此子查询来测试是否匹配。

5.2.4 限制子查询的条件

子查询也是使用 SELECT 语句，所以在使用 SELECT 语句应注意的问题也同样适用于子查询，同时，子查询还要受下面条件的限制。

（1）通过比较运算符引入的子查询的选择列表只能包括一个表达式或列名称。

（2）如果外部查询的 WHERE 语句包括某个列名，则该子句必须与子查询选择列表中的该列兼容。

（3）子查询的选择列表中不允许出现 ntext、text 和 image 数据类型。

（4）无修改的比较运算符引入的子查询不能包括 GROUP BY 和 HAVING 子句。

（5）包括 GROUP BY 的子查询不能使用 DISTINCT 关键字。

（6）不能指定 COMPUTE 和 INTO 子句。

（7）只有同时指定了 TOP，才可以指定 ORDER BY。

（8）由子查询创建的视图不能更新。

（9）通过 EXISTS 引入的子查询的选择列表由星号（＊）组成，而不使用单个列名。

（10）当＝、！＝、＜、＜＝、＞或＞＝用在主查询中，ORDERBY 子句和 GROUP BY 子句不能用在内层查询中，因为内层查询返回的一个以上的值不可被外层查询处理。

5.2.5 嵌套子查询

在 SQL Server 2005 中子查询是可以嵌套使用的，并且可以在一个查询中嵌套任意多个子查询，即一个子查询中还可以包含另一个子查询，这种查询方式称为嵌套子查询。在实际应用中，嵌套子查询能够帮助用户从多个表中完成查询任务。

 相关案例 20

在"选课管理"数据库中查询出所有非"计算机网络"专业的学生的信息，并显示出这些学生的考试成绩，再按成绩进行降序排列显示，要求返回学生的学号、姓名、专业、课程代号和成绩信息，查询语句如下：

```
SELECT A.student_id,A.student_name,A.department,B.course_id,B.score
FROM student A INNER JOIN score B
ON A.student_id=B.student_id
WHERE A.student_id NOT IN(
SELECT student_id FROM student WHERE department IN
(SELECT department FROM student WHERE department='计算机网络'))
ORDER BY score DESC
```

执行上述语句后，其查询结果如图 5-24 所示。

当嵌套在查询返回的结果作为查询条件等号右边的值存在时，只允许嵌套子查询返回一个结果，否则会出错。

分析上述的嵌套子查询如下。

（1）首先在运行语句时对最内层 SELECT 语句进行查询，语句如下：

```
SELECT department FROM student WHERE department='计算机网络'
```

（2）上述语句的查询结果要求返回符合查询条件的 department，即找到所有"计算机网络"专业的学生的专业名称。如果单独对其运行，则将获得 department 的值为"计算机网络"。

（3）再对次外层的 SELECT 语句进行查询，语句如下：

```
SELECT student_id FROM student WHERE department IN('计算机网络')
```

（4）在上述语句 IN 关键字后引入最内层的查询结果。该语句要求返回符合查询条件的学生的 student_id，找到这些专业中包括的学生的学号，将其运行后，获得的结果为：2012911002、2013711028、2014711025。

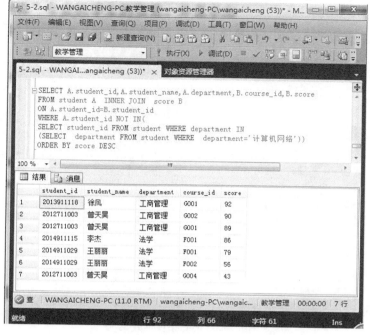

图 5-24　内连接和 EXISTS 子查询效果

（5）最后对最外层的 SELECT 语句进行查询，语句如下：

```
SELECT A.student_id,A.student_name,A.department,B.course_id,B.score
FROM student A INNER JOIN score B
ON A.student_id=B.student_id
WHERE A.student_id NOT IN(2012911002、2013711028、2014711025)
ORDER BY score DESC
```

上述语句执行后会根据 NOT IN 中指定的列表找到相反的数据，并返回学生的学号、姓名、班级编号、课程编号和成绩信息，再按成绩进行降序排列显示，效果如图 5-25 所示。

实训 5　高级查询

1. 目的与要求
（1）掌握在多个表之间进行数据查询的方法。
（2）了解连接查询的各种类型和使用方法。
（3）掌握合并结果集查询的操作。
（4）掌握子查询的操作方法。

2. 实训准备
（1）了解连接查询的表示方法。
（2）了解合并结果集查询的表示方法。
（3）了解子查询的表示方法。

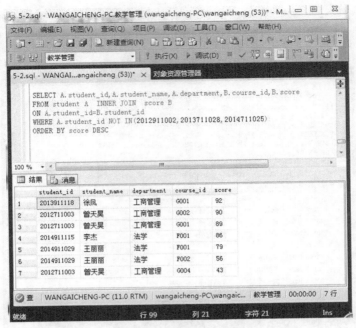

图 5-25　嵌套子查询效果

3. 实训内容

（1）利用 student 和 course，显示学生的学号、姓名、性别、选课名称。

（2）列出所有选修了课程 C002 的学生清单。

（3）查询所有成绩大于学号为 2014911029 学生的成绩的学生，要求列出学生的学号、姓名、专业、课程名称和成绩。

（4）查询出所有非"计算机网络"专业的学生的信息，并显示出这些学生的考试成绩，再按成绩进行升序排列显示，要求返回学生的学号、姓名、专业、课程代号和成绩信息。

习题 5

1. 利用图书借阅信息表和图书信息表，显示读者编号、图书编号、图书名称、借阅时间、借书数量和返还时间。

2. 为查看读者的借阅情况，建立借书信息表与读者信息表之间的完全外连接，显示借书读者的编号、读者姓名、所借图书的图书编号、借阅时间、借书数量和返还时间。

3. 图书管理员需要查询所有库存小于 30 并且价格小于 30 元，以及已借出图书中价格小于 30 元的图书编号、图书名称、图书定价和图书库存量。

4. 图书管理员需要查询在 5 月 15 日出生借书的读者编号、图书编号、借阅时间、借书数量和返还时间。

5. 图书管理员需要查询其他出版社比作家出版社的所有图书定价都高的图书编号、书名、作者、出版社和定价。

第6章

数据的完整性

◆ **技能要求**

1. 掌握约束的创建和删除方法；
2. 掌握规则的创建、绑定、解除绑定和删除的方法；
3. 掌握默认值的创建、使用和删除方法。

6.1 【实例9】约束

数据完整性是指数据的准确性和一致性。它是防止数据库中存在不符合语义规定的数据和防止因错误信息的输入输出造成无效操作而提出的。在数据输入时，由于不可避免的种种原因，会发生输入无效或错误信息。如何保证输入的数据符合规定，是数据库系统，尤其是多用户的关系数据库系统首要关注的问题。

在 SQL Server 中，可以通过实体完整性、域完整性、引用完整性和用户定义完整性保证数据的完整性。在 SQL Server 2005 中可以通过空值约束、默认值定义、CHECK 约束、PRIMARY KEY 约束、FOREIGN KEY 约束和 UNIQUE 约束等来实施数据完整性。

◎ **实例说明**

CHECK 约束对输入列或者整个表中的值设置检查条件，以限制输入值，保证数据库数据的完整性。一个表中可以定义多个 CHECK 约束，但每个字段只能定义一个 CHECK 约束，如果在多个字段上定义 CHECK 约束，则必将 CHECK 约束定义为表级约束。

本案例将在"选课管理"数据库中使用图形化界面，在"学生基本档案"表上创建 CHECK 约束，设置"性别"只能输入"男"或者"女"。

📚 **实例操作**

（1）打开 Microsoft SQL Server Management Sudio 窗口，依次单击"选课管理"数据库→"学生基本信息"表→"约束"节点，右击该节点，在弹出的快捷菜单中选择"新建约束"

136　命令,如图 6-1 所示。

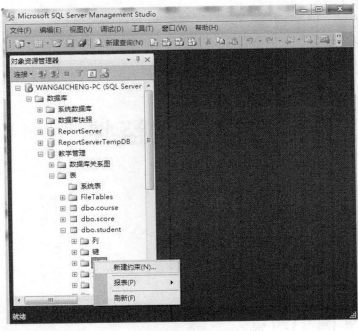

图 6-1　选择"新建约束"命令

（2）打开"CHECK 约束"对话框,如图 6-2 所示,设置"名称"为 CK_student。

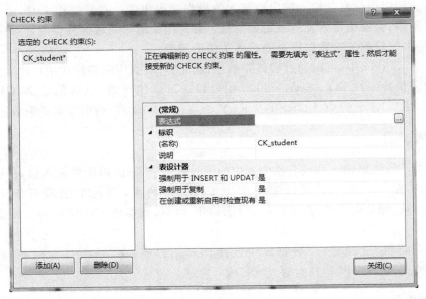

图 6-2　"CHECK 约束"对话框

（3）单击"表达式"右侧的浏览按钮,打开"CHECK 约束表达式"对话框,在表达式框中输入"sex='男' or sex='女'",如图 6-3 所示。

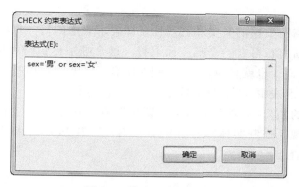

图 6-3 输入约束表达式

（4）设置完成后单击"确定"按钮返回"CHECK 约束"对话框，单击"关闭"按钮退出。

（5）向表中插入一条数据，其中 sex 属性为"张"，单击"保存"按钮，检验 CHECK 约束，出现约束冲突的效果，如图 6-4 所示，可以看出创建的 CHECK 约束已经生效，开始对插入的数据进行检查。

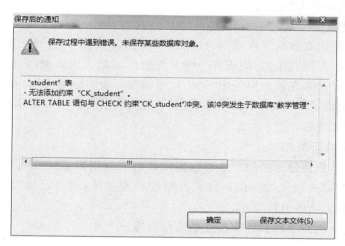

图 6-4 "保存后的通知"对话框

知识学习

6.1.1 完整性的概念

数据的完整性是指数据的正确性、有效性和一致性。数据的完整性是衡量数据库质量好坏的重要标准。

完整性是为防止数据库中存在不符合语义规定的数据和防止因错误信息的输入/输出造成无效操作或错误信息而提出的。数据完整性分为四类：实体完整性、域完整性、参照完整性、用户定义的完整性。

1. 实体完整性

实体完整性是指行数据的完整和有效性。即要求表中的每一行必须是唯一的。实体完整性要求表中的所有行都有一个唯一标识符。这个唯一标识符可能是一列，也可能是几列的组合，称为主键。也就是说，表中主键在所有行上必须取值唯一且不能为空值。

例如，在学生情况表中，学生的学号是唯一的，它与每个学生一一对应；成绩表中，学号＋课程号是唯一的，它与每个学生的每门课相对应。它可以通过定义索引、主键约束、唯一约束的方法实现。强制实体完整性的方法有：UNIQUE 约束、PRIMARY KEY 约束或 IDENTITY 属性。

2. 域完整性

域完整性是指列数据的完整和有效性，即要求对指定列有效的一组值并决定是否允许有空值。它可以通过约束、规则和默认值的方法实现。强制域有效性的方法有：通过限制数据类型（包括自定义数据类型）、格式（CHECK 约束和规则）或可能的取值范围（FOREIGN KEY 约束、CHECK 约束、DEFAULT 定义、NOT NULL 定义和规则）来实现。例如，性别字段只能取"男"或"女"；课程成绩取值范围为 0～100；姓名字段不能为空；性别字段的默认值为"男"等。

3. 参照完整性

参照完整性是指在数据库内表与表之间的数据的一致性。参照完整性基于主键（被参照表中）与外键（参照表中）之间或唯一键与外键之间的关系。通过外键将参照表和被参照表关联起来。如果在被参照表中，某一记录被参照表中外键引用，则该记录就不能删除；若需要更改键值，那么在整个数据库中，对该键值的所有引用都要进行一致的更改，以保证数据的参照完整性。

4. 用户定义的完整性

用户定义的完整性是指由用户从对数据库数据的应用需求出发，自己定义的数据完整性，比如用户对特殊语义的约束自定义完整性检查功能，它可以通过定义 CHECK 子句、存储过程和触发器等方法实现。

本节将重点介绍前 3 种数据完整性的实现过程。

6.1.2 约束的种类

建立和使用约束的目的在于保证数据的完整性。约束限制用户可能输入到指定列的值、数据的格式和取值范围，当格式不对或超出此范围的数据出现时，系统提示并拒绝该数据进入到表中，从而强制引用数据完整性。约束能够依据用户对数据库不同需求，用不同的约束工具来实现对数据库数据的保护。

约束的实现可以在表的创建中来定义。可以用 CREATE TABLE 语句创建，也可以在不改变表的数据结构的情况下，使用 ALTER TABLE 语句来添加和删除约束以实现数据完整性。在删除一个表时，该表所带的所有约束定义也随之被删除。

约束的类型主要有以下几个。

1. 主键约束

主键（PRIMARY KEY）是表中的一个或多个字段，它的值用于唯一地标识表中的某一条记录。在两个表的关系中,主键用来在一个表中引用来自于另一个表中的特定记录。通过主键可强制表的实体完整性。当创建或更改表时可通过定义 PRIMARY KEY 约束来创建主键。一个表只能有一个 PRIMARY KEY 约束,而且其所约束中的列不能取空值,它以升序或降序的形式排列记录的顺序。由于 PRIMARY KEY 约束确保唯一数据,所以经常用来定义标识列。

　　主键约束一般是在建立表结构时就应该由用户自行定义,这样在操作过程中记录会自动按照事先的设置升序或降序排列,并实现列数据的唯一性。

 小提示

　　主键约束的列可以是一列或多列,某几列的值也允许有重复值出现,但定义的所有列值必须是唯一的。

2. 唯一约束

　　唯一约束确保表中指定列中不出现重复值,即表中任意两行在该列上的值都不允许相同。它用 UNIQUE 约束表示。唯一约束的功能及使用方法与主键约束有类似的地方,主键约束与唯一约束的比较如表 6-1 所示。

表 6-1　主键约束与唯一约束的功能对比一览表

主 键 约 束	唯 一 约 束
一个表只能有一个主键约束	一个表可以有多个唯一约束
所定义的列不允许有空值	所定义的列可以有空值
系统自动产生簇索引	系统自动产生非簇索引
都不允许所定义的列出现重复值	

3. 默认约束

　　默认约束是在一个表的范围内,对某些字段预先定义其默认值,以提高数据输入的效率,方便用户操作的一种约束。

4. 检查约束

　　检查约束又称 CHECK 约束,是对输入字段数据内容的正确性的一种约束,如果输入的内容不满足检查约束的条件,则数据无法输入到字段内。因此,它也是保护数据完整性的重要手段之一。

5. 外键约束

　　外键约束又称 FOREIGN KEY 约束。若表中的一个或多个字段的组合不是本表的关键字,而是另一个表的关键字,则称这个字段或字段组合是外键(FOREIGN KEY)。一般,表与表之间通过主键和外键进行连接,通过它可以强制表与表之间的参照完整性。在两个或两个以上相关联的表之间进行数据插入和删除操作时,需要建立约束,以保证主表与从表之间的参照完整性,即对主表进行主键约束,对从表进行外键约束。

6.1.3 约束的创建

1. 主键约束的创建

主键约束是保证数据库内数据完整性非常重要的手段或工具。比如,在教学管理数据库中 student 表定义了 student_id 列为主键约束,则该列的数据项的值是唯一的,不可能出现重复值,并且以一定的顺序即升序或降序排列。若此列不定义主键约束,则该列的数据项有可能出现重复值的现象。

相关案例 1

利用对象资源管理器,在"教学管理"数据库中将 student 表中学号 student_id 列定义为主键约束。

创建主键约束的方法有两种:利用对象资源管理器和命令语句方法实现。

(1) 利用对象资源管理器创建主键约束

在利用对象资源管理器创建主键约束的方法如下:

- 在要创建主键约束的表上右击,在弹出的快捷菜单中选择"设计"命令,如图 6-5 所示。

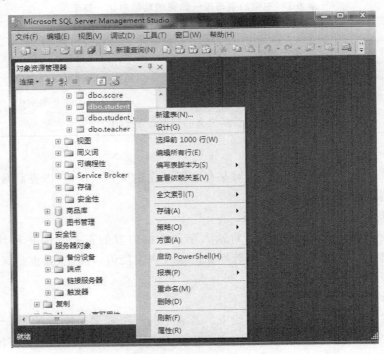

图 6-5   选择"设计"命令

- 在设计表窗口中要设置主键约束的列上右击,在弹出的快捷菜单中选择"设置主键"命令,如图 6-6 所示,设置完成后,在 student_id 列旁有一个"钥匙" 图标出现,表明该列是主键列。至此,主键创建完成。

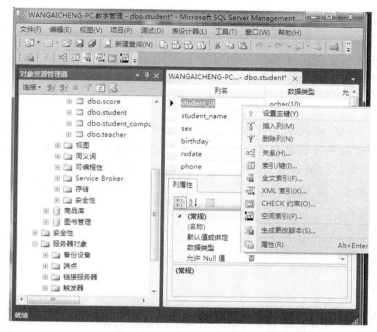

图 6-6 在列上设置主键

（2）利用 SQL 命令语句创建主键约束

① 创建表时定义主键约束

语法格式如下：

```
CREATE TABLE table_name
(column_name datatype
[CONSTRAINT constraint_name]
NOT NULL
PRIMARY KEY
)
```

说明：CONSTRAINT 是表示约束的关键字，constraint_ name 是约束名称，PRIMARY KEY 表示的约束类型是主键约束。命令格式中的关键字和参数还有很多，这里只介绍最基本、最常用的关键字或参数。

 相关案例 2

在"教学管理"数据库中创建 student 表，并将表中的 student_id 列设置成主键约束。语句如下：

```
USE 教学管理
CREATE TABLE student
(student_id nchar(10) NOT NULL CONSTRAINT PK_student PRIMARY KEY,
student_name nchar(10) NOT NULL,
birthday date NOT NULL,
```

```
rxdate      date NOT NULL,
phone       nchar(20) NOT NULL,
grade       nchar(10) NOT NULL,
department nchar(20) NULL,
native      nchar(10) NOT NULL,
nation      nchar(10) NOT NULL
)
```

这里的 PK_student 是主键约束的名称,语句的实现是在创建表结构时就直接创建约束,这样当对表进行输入数据操作时,数据库会自动进行唯一性识别和按照事先设定好的顺序排序。用户可以到对象资源管理器中验证创建后的效果。

② 修改表时定义主键约束

语法格式如下:

```
ALTER TABLE table_name
ADD CONSTRAINT constraint_name PRIMARY KEY
CLUSTERED|NONCLUSTERED
(COLUMN[,...,n])
```

说明: ADD CONSTRAINT 表示增加约束的关键字, constraint_name 是约束名称, PRIMARY KEY 表示约束类型是主键约束。CLUSTERED 和 NONCLUSTERED 是索引类型,COLUMN 是所定义的列。

 相关案例 3

为"教学管理"数据库中的 reader 表内的 student_id 列添加主键约束。

```
ALTER TABLE student
ADD CONSTRAINT PK_ student
PRIMARY KEY CLUSTERED (student_id)
```

这里的 PK_student,是主键约束名称,语句的实现是在已有的表中通过修改表的方式为原来没有设置主键约束的列添加约束,这与创建表时就创建主键约束稍有不同。

2. 唯一约束的创建

 相关案例 4

在"教学管理"数据库创建 student 表,并将表内的 student_name 列设置成唯一约束,其作用在于可以使该列的数据唯一,不会出现重复值,但又允许该列可以取空值。

下面将介绍唯一约束的实现过程。

(1) 利用对象资源管理器创建唯一约束

在利用对象资源管理器创建唯一约束的方法如下。

① 在要创建唯一约束的表 student 上右击,在弹出的快捷菜单中选择"设计"命令,打开"设计表"窗口,如图 6-5 所示。

② 在"设计表"窗口中要设置唯一约束的 student_name 列上右击,在弹出的快捷菜单中选择"索引/键"命令,如图 6-7 所示。

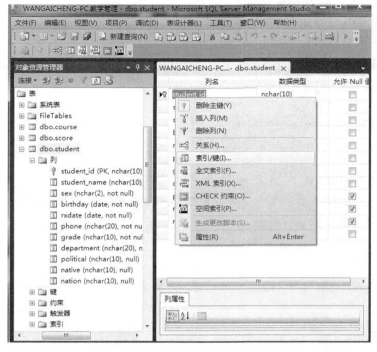

图 6-7　在选定列上设置"索引/键"

③ 在打开的"索引/键"窗口中单击"添加"按钮,并选择列名和排序顺序,在"是唯一的"下拉列表框中选择"是"选项,单击"关闭"按钮,如图 6-8 所示。这里的唯一约束名 IX_student 是系统默认的,可以更改,这里使用默认名称。

图 6-8　在列上设置的唯一约束

④ 设置完成后,student_name 列的唯一约束的效果就将产生,当在该列上输入重复

值时，系统会自动报错，提示操作者。

（2）利用 SQL 命令语句创建唯一约束

① 创建表时定义唯一约束

语法格式如下：

```
CREATE TABLE table_name
(column_name datatype
[CONSTRAINT constraint_name]
UNIQUE
)
```

说明：CONSTRAINT 是表示约束的关键字，constraint_name 是约束名称，UNIQUE 表示的约束类型是唯一约束。命令格式中的关键字和参数还有很多，这里只介绍最基本、最常用的关键字或参数。

✎ **相关案例 5**

在"教学管理"数据库中创建 student 表，并将表内的 student_name 列设置成唯一约束。

```
USE 教学管理
    CREATE TABLE student
(student_id nchar(10) NOT NULL CONSTRAINT PK_student PRIMARY KEY,
    student_name nchar(10) NOT NULL CONSTRAINT IX_student UNIQUE,
    birthday date NOT NULL,
    rxdate    date NOT NULL,
    phone     nchar(20) NOT NULL,
    grade     nchar(10) NOT NULL,
    department nchar(20) NULL,
    native    nchar(10) NOT NULL,
    nation    nchar(10) NOT NULL
)
```

这里的 PK_student 和 IX_student 分别是主键和唯一约束的名称，语句的实现是在创建表结构时就直接创建两种约束，这样当对表进行输入数据操作时，数据库会自动进行唯一性的识别和按照事先设定好的顺序排序。

② 修改表时定义唯一约束

语法格式如下：

```
ALTER TABLE table_name
ADD CONSTRAINT constraint_name UNIQUE
CLUSTERED|NONCLUSTERED
(COLUMN[,...,n])
```

说明：ADD CONSTRAINT 表示增加约束的关键字，constraint_name 是约束名称，UNIQUE 表示的约束类型是唯一约束。CLUSTERED 和 NONCLUSTERED 是索引类型,COLUMN 是所定义的列。

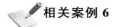相关案例 6

为"教学管理"数据库中的 student 表内的 student_id 列添加唯一约束。

```
ALTER TABLE student
ADD CONSTRAINT IX_student
UNIQUE NONCLUSTERED (student_id)
```

这里的 IX_student 是唯一约束名称,语句的实现是在已有的表中通过修改表的方式为原来没有设置的表添加约束,这与创建表时就创建唯一约束稍有不同。

小提示

唯一约束定义成功后,用户还应验证此列数据的唯一约束的效果,即在该字段中有意输入重复数值,看是否会出现系统报错的提示,重复的数据是无法输入到该列中的,从而保证唯一性约束的实施与控制过程。

3. 默认约束的创建

相关案例 7

针对"教学管理"数据库中的 student 表内 rxdate 字段,将其定义默认值为当前系统日期。使得该默认值定义成功后,用户不必在该字段输入任何值,而由系统自动给出当时的系统日期,从而简化用户输入数据的工作量。可以使用 getdate()方法取出当前系统日期。

(1) 使用对象资源管理器创建默认约束

创建默认约束的方法如下。

① 在 student 表的"设计表"窗口中选择 rxdate 字段,进行数据类型等的设置后,在默认值栏中输入 getdate(),即将该字段的默认值设置成系统日期,如图 6-9 所示。

② 当用户在该表中输入数据时,输入到 rxdate 字段时,无须输入任何字符,操作完成后关闭表,当再次打开该表时,rxdate 字段中的值直接显示默认的系统日期,如图 6-10 所示。

(2) 使用命令语句创建默认约束

① 创建表时定义默认约束

语法格式如下:

```
CREATE TABLE table_name
(column_name datatype NOT NULL|NULL
[DEFAULT constraint_expression]
[,...,n])
```

说明:constraint_expression 是约束的表达式,由 DEFAULT 默认的关键字引导。

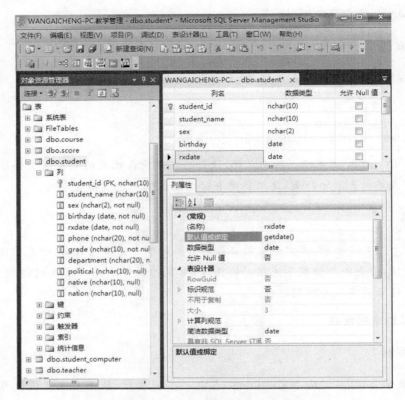

图 6-9　在对象资源管理器中添加默认

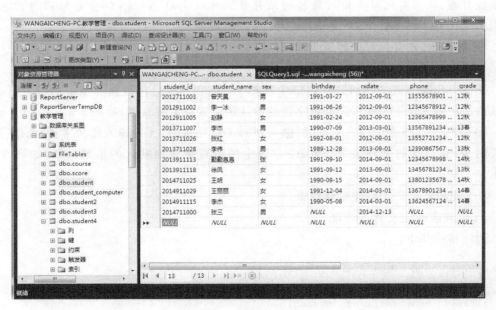

图 6-10　添加默认后的效果

相关案例 8

在"教学管理"数据库中创建 student 表,并为表定义一个包含系统日期的默认约束。

```
USE 教学管理
CREATE TABLE student
(student_id nchar(10) NOT NULL CONSTRAINT PK_student PRIMARY KEY,
student_ name nchar(10) NOT NULL CONSTRAINT IX_student UNIQUE,
birthday date NULL,
rxdate     date DEFAULT getdate() NULL,
phone      nchar(20) NULL,
grade      nchar(10) NULL,
department nchar(20) NULL,
native     nchar(10) NULL,
nation     nchar(10) NULL
)
```

这里的 DEFAULT getdate()表示该字段被定义了默认约束,默认值是系统日期,这样用户在输入数据时,该字段的值不用输入,系统会自动添加当时的系统日期。

小提示

默认约束对用户来说是十分方便的,尤其是在记录数据非常多的情况下,默认约束的使用可以比较有效地提高效率。

② 修改表时定义默认约束
语法格式如下:

```
ALTER TABLE table_name
ADD column_name datatype NOT NULL|NULL
CONSTRAINT constraint_name
DEFAULT constraint_expression
WITH VALUES
```

说明:WITH VALUES 是在对表增加新列(字段)时使用。使用了 WITH VALUES,表中原有行也将有默认值出现;若省略它,则只有新的行才有默认值,而原有行是 NULL 值。

相关案例 9

在 student 表中添加一个字段 student_time 并定义一个包含系统日期的默认约束。

```
ALTER TABLE student
ADD student_time date NULL
CONSTRAINT adddatedflt
DEFAULT getdate() WITH VALUES
```

语句实现在已有的表中添加了一个字段,并定义了默认值。

148

4. 检查约束的创建

在"教学管理"数据库中的 student 表的 birthday
列中,birthday 列的取值应该不能小于等于 1985 年 1 月
1 日,为保证用户输入的数据在此范围内,就需要用检
查约束来限制,当用户输入的数据超过此范围时,系统
自动弹出报错窗口,该数据无法被输入到表中去。

下面将详细介绍创建检查约束的方法。

(1) 使用对象资源管理器创建检查约束

① 在 student 表的"设计表"窗口中右击,在弹出
的快捷菜单选择"CHECK 约束"命令,如图 6-11 所示。

② 在打开的"CHECK 约束"窗口中单击"添加"按
钮,这里的约束名 CK_student 是系统默认的,也可以
由用户自己定义,并在约束的表达式中输入相关的约
束条件后,单击"关闭"按钮,如图 6-12 所示。

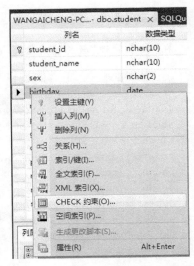

图 6-11 创建 CHECK 唯一约束

保存所设置的约束后,该项设置就能够发挥其约
束作用。当用户在 birthday 列中输入所约束范围以外的数值时,系统会弹出如图 6-13 所
示的提示窗口,从而限制此范围外的数值被输入。

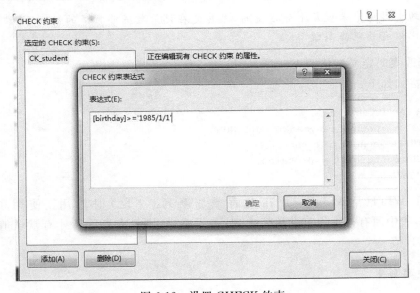

图 6-12 设置 CHECK 约束

(2) 使用命令语句创建检查约束

这里设置创建检查约束的条件与在对象资源管理器中创建的条件相同。

① 创建表时创建检查约束

语法格式如下:

```
CREATE TABLE table_name
```

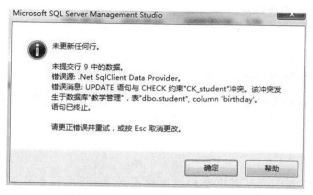

图 6-13　超出约束范围后系统的提示窗口

```
(column_name datatype NOT NULL|NULL
[DEFAULT constraint_expression]
[[check_name] CHECK (logical_expression)]
[,...,n])
```

说明：logical_expression 是定义的 CHECK 约束的表达式，check_name 是 CHECK 约束名称，是可选项。

 相关案例 10

在"教学管理"数据库中创建 student 表，birthday 列的取值应该不能小于等于 1985 年 1 月 1 日的检查约束。

```
USE 教学管理
CREATE TABLE student
(student_id nchar(10) NOT NULL CONSTRAINT PK_student PRIMARY KEY,
student_ name nchar(10) NOT NULL CONSTRAINT IX_student UNIQUE,
birthday date NULL NOT NULL CHECK (birthday>='1985/1/1')
rxdate    date DEFAULT getdate() NULL,
phone     nchar(20) NULL,
grade     nchar(10) NULL,
departmentnchar(20) NULL,
native    nchar(10) NULL,
nation    nchar(10) NULL
)
```

检查约束的名称是可选项，CHECK 是约束的关键字，表达式 birthday>='1985/1/1' 是定义的检查约束的限制条件。

⚠️ **小提示**

检查约束设置完成后，当用户在输入数值据超出此范围时，系统会自动弹出提示窗口，限制条件外之外的数值将无法输入到此列中。

② 修改表时定义检查约束

语法格式如下：

```
ALTER TABLE table_name
ADD CONSTRAINT check_name CHECK (logical_expression)
```

说明：ADD CONSTRAINT 表示在已有表中的指定列上增加约束，约束的类型是
CHECK 约束，logical_expression 定义约束条件。

相关案例 11

在 student 表的 birthday 列中添加一个检查约束，约束的条件是 birthday 列不能小
于 1985 年 1 月 1 日。

```
ALTER TABLE student
ADD CONSTRAINT CK_student CHECK (birthday>='1985/1/1')
```

该语句的作用是在已有表中的指定列上定义检查约束。

5. 外键约束的创建

外键（FOREIGN KEY）是用于建立和加强两个表相关数据的一致性的一列或多列。
外键约束主要用于强制参照完整性，用来维护两个表之间一致性关系。外键的建立是将
一个表（主表）的主键列包含在另一表（外键表）中，这些列就是外键表中的外键，在外键表
中插入或者更新的外键值，必须存在于主键中，这就保证了两个表相关数据的一致性。

注意，要先在主键表中设置好主键（或唯一键），才能在外键表中建立与之具有数据一
致性关系的外键。

在"教学管理"数据库中的 student 和 score 表中建立参照关系，其作用在于定义了参
照关系后，两表之间便有了关联关系，即当主表 student 存在某个记录时，才可以在从表
score 中对该记录相关字段进行输入、修改或删除操作，而不是可以任意添加没有关联关
系的记录。

这种参照关系在数据库中有多个表时，作用十分明显，否则没有参照关系的表，只是
数据库中的自由表或独立表，从而造成逻辑上应该关联的表之间没有参照关系，记录与记
录之间可以随意添加或修改，这样的后果是导致数据库中表与表之间的数据混乱，无法反
映数据库内真实、客观的数据组成。下面将详细介绍具体
的实现方法。

（1）使用对象资源管理器创建参照关系

在"教学管理"数据库中的 student 和 score 表中建立
参照关系，创建方法如下。

① 在对象资源管理器中右击"教学管理"数据库中
score 表，在弹出的快捷菜单中选择"设计"命令，打开"设计
表"窗口，右击，在弹出的快捷菜单中选择"关系"命令，如
图 6-14 所示。

② 在"外键关系"窗口中单击"添加"按钮，SQL Server

图 6-14　创建参照关系

2012 会提供一个默认的外键约束名称 FK_student_student, 名称可以更改, 这里使用默认名, 如图 6-15 所示。

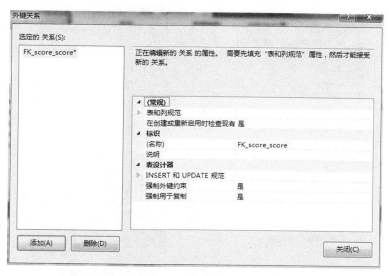

图 6-15 添加外键约束

③ 在右侧窗口中单击"表和列规范", 再单击右侧的"…"按钮, 打开"表和列"对话框, 如图 6-15 所示。

④ 在"表和列"对话框的"主键表"下第一个下拉列表框中选择主表 student, 第二个下拉列表框中选择主键 student_id。外键表默认为 score, 第二个下拉列表框中选择外键 student_id, 关系名变为 FK_score_student, 名称可以更改, 这里使用默认名, 如图 6-16 所示。

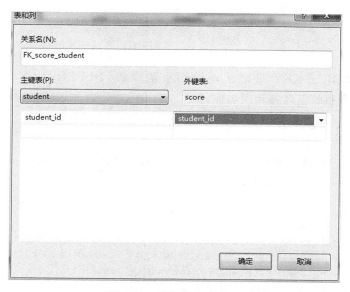

图 6-16 选择表和列窗口

⑤ 单击"确定"按钮,再单击"关闭"按钮。此时的约束并没有保存,要想保存需单击工具栏中的保存按钮,如图 6-17 所示,单击 "是"按钮,完成外键约束设置。

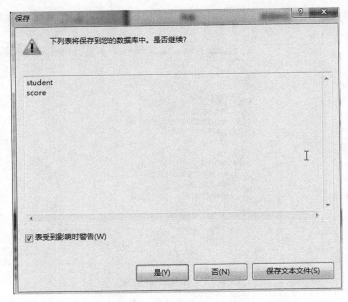

图 6-17 保存外键约束

(2) 使用命令语句创建外键约束

前面介绍了建立主键约束的方法,这里将介绍在从表中创建外键约束的方法。

① 创建表时创建外键约束

语法格式如下:

```
CREATE TABLE table_name
(column_name datatype [FOREIGN KEY]
REFERENCES ref_table(ref_column)
[,...,n])
```

说明:FOREIGN KEY 是定义外键约束的字段,REFERENCES ref_table(ref_column)定义所参照的表名称和列名称。

相关案例 12

在"教学管理"数据库中创建 student 表,并将 student_id 列设置成主键约束;创建 score 表,并 student_id 列设置成外键约束。

```
USE 教学管理
CREATE TABLE student
(student_id nchar(10) NOT NULL CONSTRAINT PK_student PRIMARY KEY,
student_ name nchar(10) NOT NULL CONSTRAINT IX_student UNIQUE,
birthday date NULL NOT NULL CHECK (birthday>='1985/1/1')
rxdate    date DEFAULT getdate() NULL,
phone     nchar(20) NULL,
```

```
grade        nchar(10) NULL,
department nchar(20) NULL,
native       nchar(10) NULL,
nation       nchar(10) NULL
)
CREATE TABLE score
(student_id nchar(10) NOT NULL FOREIGN KEY REFERENCES student (student_id),
course_id(10) NOT NULL
score char(1) not null)
```

在创建表时，在 student_id 列创建上定义外键约束。

② 修改表时定义外键约束

语法格式如下：

```
ALTER TABLE table_name
ADD [CONSTRAINT constraint_name ]
FOREIGN KEY
REFERENCES ref_table(ref_column)
[,...,n])
```

相关案例 13

在 score 表中为 student_id 列设置外键约束，参照 student 表的 student_id 主键约束。

```
USE 教学管理
ALTER TABLE score
ADD CONSTRAINT student_foreign
FOREIGN KEY (student_id)
REFERENCES student (student_id)
```

6.1.4　约束的管理

定义或创建了约束后，还要对所定义的约束进行管理，这样才能灵活、方便地管理数据库及数据库中的数据。

1. 查看约束的定义

（1）查看主键约束

主键设置完成后，系统默认的序列为升序。如果要查看并进行修改序列方式，可以在对象资源管理器中的进行。

① 在设计表窗口中右击，在弹出的快捷菜单中选择"索引/键"命令，如图 6-18 所示。

② 在"索引/键"窗口中单击"列"，再单击右侧" …… "按钮，打开"索引列"窗口。在"列名"下拉列表框中选择 student_id 选项，在"排列顺序"下拉列表框中将"升序"调整为"降序"，并单击"确定"按钮，完成修改参数的过程，如图 6-19 所示。

图 6-18　修改主键属性

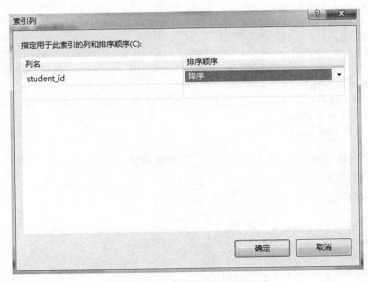

图 6-19　修改主键约束排列顺序

③ 在主键约束设置完成后,在表中的 ID 列输入数据时,每条记录就会自动按所设置的排列方式排列,而不必考虑记录输入的先后顺序,而且记录的唯一性得到保证,不会有重复的记录出现。

(2) 查看唯一约束

在"索引/键"对话框的"选定的主/唯一键或索引"选项组中选择唯一约束的名称就可以查看其属性,如图 6-20 所示。修改唯一约束同主键约束的修改方法,将不再赘述。

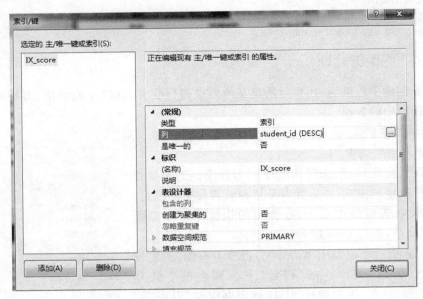

图 6-20　查看唯一约束

（3）查看默认约束

在设计表窗口中的列标签上，可以查看或修改用户所设置的默认约束，如图 6-21 所示。

图 6-21　查看默认约束

（4）查看检查约束

在表的"设计表"窗口中右击，在弹出的快捷菜单中选择"CHECK 约束"命令，在 "CHECK 约束"窗口的 CHECK 约束框中找到检查约束的名称，就可以查看或修改检查 约束，如图 6-22 所示。

（5）查看外键约束

在表的"设计"窗口中右击，在弹出的快捷菜单中选择"关系"命令，可以查看外键约束 的设置，如图 6-23 所示。

2. 删除约束

删除约束的方法通常有两种：使用对象资源管理器和命令方式。在相关的属性设置 窗口中选择要删除约束的名称，单击"删除"按钮即可。

用命令语句删除约束的语法格式如下：

```
ALTER TABLE table_name
DROP CONSTRAINT constraint_name [,...,n]
```

说明：在删除约束时，只要给出约束的名称，即可直接删掉。

（1）删除主键约束

在对象资源管理器的设计表窗口中右击，在弹出的快捷菜单中选择"属性"命令，在

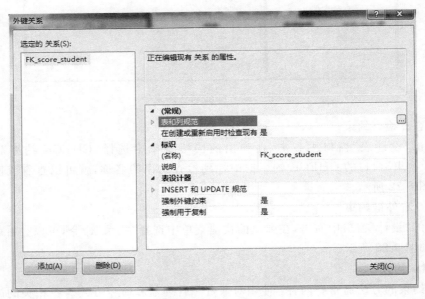

图 6-22　查看检查约束

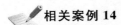

图 6-23　查看外键约束

"索引/键"选项卡中找到要删除的主键约束名称,单击"删除"按钮,如图 6-20 所示。

相关案例 14

删除"教学管理"数据库的 student 表中的 student_id 列上的主键约束。

```
ALTER TABLE student
DROP CONSTRAINT PK_student
```

命令执行完成之后,用户还应到对象资源管理器中验证删除后的结果。

（2）删除唯一约束

在对象资源管理器的窗口中删除唯一约束的方法,同删除主键的方法,此处不再赘述。

相关案例 15

删除"教学管理"数据库中 student 表内的 student_id 列上的唯一约束。

```
ALTER TABLE student
DROP CONSTRAINT IX_student
```

该约束被删除后,该列的唯一性约束就不存在了,允许数据有重复值出现。

（3）删除默认约束

在设计表窗口中的列标签上,将默认约束直接删除,如图 6-21 所示。

相关案例 16

删除在 student 表中定义的默认约束。

```
ALTER TABLE student
DROP CONSTRAINT adddatedflt
```

该默认约束被删除后,所定义的默认值就不存在了,但该字段的其他属性值依旧存在,并仍然发挥其作用。

（4）删除检查约束

在对象资源管理器的设计表窗口中右击,在弹出的快捷菜单上选择"属性"命令,在"CHECK"选项卡中找到要删除的检查约束名称,单击"删除"按钮,如图 6-22 所示。

相关案例 17

删除在 student 表中定义 student_id 列上的检查约束。

```
ALTER TABLE student
DROP CONSTRAINT CK_student
```

该检查约束被删除后,所定义的取值范围就不存在了,允许用户在该字段中任意输入数据类型所允许的数值。

（5）删除外键约束

在对象资源管理器的数据库关系图窗口中选择要删除的关系图,右击,在弹出的快捷菜单中选择"属性"命令,在表与表中的连线上右击选项可以删除关系,关系一旦被删除,外键约束也就不复存在了。

相关案例 18

删除在 student 表中的外键约束。

用命令语句删除约束举例：

```
ALTER TABLE student
DROP CONSTRAINT student_foreign
```

6.2 【实例10】规则与默认

 实例说明

使用 T-SQL 语句，针对"教学管理"数据库，为 score 表创建一个规则，名称为 rule_score，指定其成绩列的值必须大于等于 0。

实例操作

打开 Microsoft SQL Server Management Sudio 窗口，单击"新建查询"按钮，输入如下命令：

```
USE 教学管理
GO
CREATE RULE rule_score
AS @student_score>=0
```

输入完成后单击"执行"按钮，创建该规则。

知识学习

6.2.1 规则的使用

规则是一种数据库对象，它的作用类似于 CHECK 约束，也是对列的数据进行约束，不满足其约束条件的数值是不能输入到相关列中去的。CHECK 约束比规则更简单，它可以在建表时由 CREATE TABLE 语句或在修改时由 ALTER TABLE 语句将其作为表的一部分进行指定。而规则需要单独创建，然后绑定到列上；在一个列上只能应用一个规则，但是却可以应用多个 CHECK 约束。使用规则时，要首先创建规则，再绑定规则。删除规则，要先解除绑定，再删除规则。

小提示

使用规则的优点是一个规则只需要定义一次就可以被多次使用，也可以应用于多个表或者多个列。

1. 创建规则

创建规则使用 CREATE 语句，语句格式如下：

```
CREATE RULE rule_name
AS condition_expression
```

说明：CREATE RULE 是关键字，表示创建规则，rule_name 是创建规则的名称，AS

是关键字, condition_expression 是规则的表达式, 即约束条件。可以是 WHERE 子句中任何有效的表达式, 并且可以包括诸如算术运算符、关系运算符和谓词(如 IN、LIKE、BETWEEN)这样的元素。但是, 规则不能引用列或其他数据库对象。

2. 绑定规则

规则定义和绑定后, 就可以起到约束作用了, 当输入了不满足所设置的约束条件的数值时, 系统会弹出提示对话框, 从而起到保护数据完整性的作用。

绑定规则语句格式如下:

```
EXEC sp_bindrule 'rule_name', 'table_name.column_name'
```

说明: EXEC 执行绑定规则, sp_bindrule 是系统绑定规则的存储过程。

相关案例 19

针对"教学管理"数据库, 为 score 表中的 score 列绑定规则 rule_score。

```
USE 教学管理
EXEC sp_bindrule 'rule_score', 'score.score'
```

说明: 在本例中所介绍的规则只绑定到一个表中的一列, 规则是可以绑定到数据库中其他表和其他列中, 而且方法也是相同的, 这里不再赘述。

3. 解除绑定

当不需要规则对象时, 可以删除规则, 但在删除前必须要先解除相关的绑定。

解除绑定语句格式如下:

```
EXEC sp_unbindrule 'table_name.column_name'
```

说明: sp_unbindrule 是系统存储过程, 用于解除绑定规则。

相关案例 20

针对"教学管理"数据库, 为 score 表中的 score 列解除绑定规则。

```
USE 教学管理
GO
EXEC sp_unbindrule 'score.score'
```

绑定关系即被解除。

4. 删除规则

在解除绑定之后, 就可以将规则删除。

删除规则语句格式如下:

```
DROP RULE rule_name
```

相关案例 21

删除数据库"教学管理"中的规则 rule_score。

160

```
USE 教学管理
GO
DROP RULE rule_score
```

规则对象即被删除。

6.2.2 默认的使用

默认也称为默认值,是数据库对象中的一种,它的作用是为字段设置一个默认值,而这个默认值可以被一个数据库中的多个表中的多个字段绑定使用。使用默认对象的过程是先创建默认,再绑定到列。删除默认时,要先解除绑定,再删除默认。

1. 创建默认

当默认创建成功后,用户在使用该数据库中的一个或多个表中的字段都可以使用该默认,而不必输入任何字符,从而减少录入的工作量,简化用户的操作过程。

创建默认语句格式如下:

```
CREATE DEFAULT defaul_name
GO
AS constant_expression
```

说明:DEFAULT 是定义默认对象,defaul_name 是定义默认的名称,AS 是关键字,constant_expression 是默认的表达式,即给出默认值。

 相关案例 22

针对"教学管理"数据库中,对 student 表创建默认对象 defaultsex,默认值为"男",创建方法如下:

```
USE 教学管理
GO
CREATE DEFAULT defaultsex AS '男'
```

2. 绑定默认

默认创建成功后,需要绑定到具体的表和表中的列上才可以应用。

绑定默认值语句格式如下:

```
EXEC sp_bindefualt 'default_name', 'table_name.column_name'
```

说明:EXEC 执行绑定默认,sp_bindefault 是系统绑定默认的存储过程。

 相关案例 23

为 student 表中的 sex 列绑定默认 defaultsex。

```
USE 教学管理
GO
EXEC sp_bindefault defaultsex, 'student.sex'
```

3. 解除默认绑定

当不需要默认对象时,可以删除默认,但在删除前必须要先解除相关的绑定。

解除默认语句格式如下:

```
EXEC sp_unbindefault 'table_name.column_name'
```

说明:sp_unbindefault 是系统存储过程,用来解除绑定默认。

相关案例 24

为 student 表中的 sex 列解除绑定默认。

```
USE 教学管理
GO
EXEC sp_unbindefault 'student.sex'
```

绑定关系即被解除。

4. 删除默认

在解除绑定之后,就可以将默认删除。

删除默认语句格式如下:

```
DROP DEFAULT default_name
```

相关案例 25

删除数据库"教学管理"中的默认 defaultsex。

```
USE 教学管理
GO
DROP DEFAULT defaultsex
```

默认对象即被删除。

实训 6　数据的完整性

1. 目的与要求

(1)掌握约束的创建和删除方法。

(2)掌握规则的创建、绑定、解除绑定和删除的方法。

(3)掌握默认值的创建、使用和删除方法。

2. 实训准备

(1)了解数据完整性的基本概念。

(2)了解约束的类型。

(3)了解约束创建、使用和删除的语法。

(4)了解规则创建、使用和删除的语法。

(5)了解默认值创建、使用和删除的语法。

3. 实训内容

（1）为学生信息表 student 创建主键约束，主键名为 PK_student。

（2）在学生信息表 student 中为学生姓名 student_name 创建唯一约束，约束名为 UK_studentname。

（3）在学生信息表 student 中为性别 student_sex 创建默认约束，其值为"男"。

（4）为成绩表 score 添加检查约束，检查成绩不大于 100。

（5）使用 T-SQL 语句删除上面建立的所有约束。

（6）将学生信息表 student 中的学生编号 student_id 设为主键，在学生信息表 student 和成绩表 score 之间建立外键约束。

（7）创建一个默认对象，将其绑定到学生信息表 student 的专业 student_department 字段上，使其默认值为"计算机网络"。

习题 6

1. 请说明数据完整性的概念。

2. 请以表格的形式，把数据完整性的实现方法总结和概括出来。

第 **7** 章

视图与索引

技能要求

1. 掌握使用对象资源管理器和 T-SQL 语句创建、修改和删除视图的方法；
2. 掌握使用对象资源管理器和 T-SQL 语句创建、修改和删除索引的方法。

7.1 【实例 11】视图

视图和表一样，也包括几个被定义的数据列和多个数据行，但就本质而言，这些数据列和数据行来源于视图所引用的表，所以视图不是真实存在的物理表，而是一张虚表。视图（索引视图除外）所对应的数据并不实际以视图结构存储在数据库中，而是存储在视图所引用的表中。

实例说明

在教学的日常管理中，经常要了解学生的选课及成绩情况，但不一定需要学生全部的数据。这时我们当然可以通过前面章节所讲的方法通过表进行了查询，而更简单方便的方法是通过创建视图进行查询。

下面通过在"教学管理"数据库中创建视图（了解学生的选课及成绩情况），说明在对象资源管理器建立视图的过程。

实例操作

使用对象资源管理器创建数据库的操作步骤如下。

（1）在对象资源管理器中展开"教学管理"数据库。

（2）选择"视图"文件夹，右击，在弹出的快捷菜单中选择"新建视图"命令，如图 7-1 所示。

（3）在出现的"添加表"的对话中按住 Ctrl 键，选择 student、course、score 三个表（如果要选多个表，可以使用 Ctrl 或 Shift 键进行多表的选择），然后单击"添加"按钮，单击"关闭"按钮，如图 7-2 所示。

图 7-1 "新建视图"窗口   图 7-2 "添加表"对话框

　　（4）在"新视图"设计窗口中，选择 student_id、student_name、course_name、score 字段，所选的列出现在窗格中，并且在 SQL 窗格中显示与之对应的 SELECT 语句。另外，在窗格中的"别名"列可以为该列取一个别名，该别名对应于 SELECT 语句中的 AS 子句；"输出列"设置所选的列是否在视图结果中显示出来。"排序类型"和"排序顺序"则定义了结果列的排序方式，如图 7-3 所示。

图 7-3 "新视图"窗口

(5) 为了查看视图中的数据，可以单击视图设计器工具栏上的“执行 SQL”按钮 ！，可以在结果窗格中显示视图中的数据，如图 7-4 所示。

(6) 保存视图。单击标准工具栏中的“保存”按钮，在弹出的“选择名称”对话框中输入视图名 student_view_1，然后单击“确定”按钮，如图 7-5 所示。

姓名	学号	成绩	课程名称
曾天昊	2012711003	43	经济法
曾天昊	2012711003	90	企业战略管理
曾天昊	2012711003	89	西方经济学
李一冰	2012911002	95	C++程序设计
李伟	2013711028	85	JAVA程序设计
李伟	2013711028	83	软件工程
徐凤	2013911118	92	西方经济学
王明	2014711025	91	软件工程
王明	2014711025	79	数据库基础与应用
王丽丽	2014911029	56	国际经济法
王丽丽	2014911029	79	中国法制史
李杰	2014911115	86	中国法制史

1 / 12　单元格是只读的。

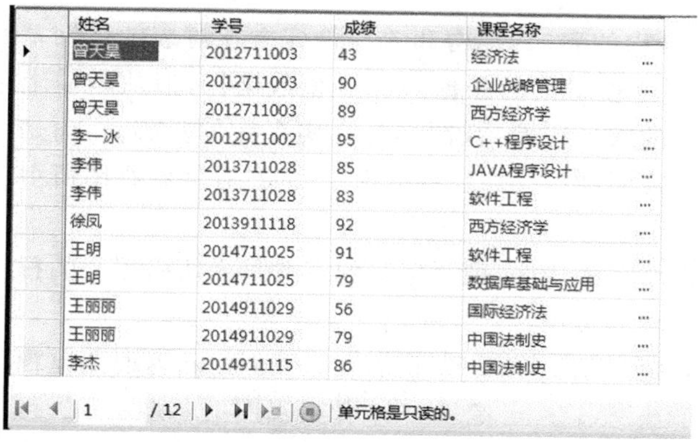

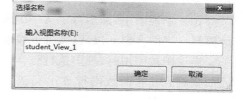

图 7-4　“视图运行结果”窗口

图 7-5　“选择名称”对话框

视图创建完成后，可以查看其结构及内容：在对象资源管理器中依次展开“教学管理”数据库和视图文件夹。在 dbo.student_view_1 视图上右击，在弹出的快捷菜单中，选择“设计”命令，可以查看和修改视图结构；选择“选择前 1000 行”即可查看视图前 1000 行数据内容，如图 7-6 所示。

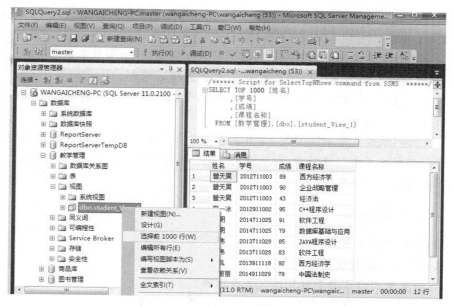

图 7-6　“查看结构”窗口

166

知识学习

7.1.1 视图概述

1. 视图概念

视图是从一个或者多个表或视图中导出的表,其结构和数据是建立在对表的查询基础上的。和真实的表一样,视图也包括几个被定义的数据列和多个数据行,但从本质上讲,这些数据列和数据行来源于其所引用的表。因此,视图不是真实存在的基础表,而是一个虚拟表,视图中所显示的数据并不以视图结构存储在数据库中,而是存储在视图所引用的表中。

在一个视图中,最多可定义一个或多个表的 1024 列。定义的行数只受所引用表的行数限制。视图在定义以后,就可以像表一样被引用。

当视图被引用时,视图执行包含在它定义中的 SELECT 语句。被创建和返回到监视器的临时表在它的数据行显示完成后就失效了。当像表一样引用视图时,视图可执行 SELECT 语句。

2. 使用视图的优点

视图结合了基本表和查询两者的特性:用户可以使用视图从一个或多个相关的基表中提取一个数据集(查询特性);用户能运用视图去更新视图中的信息,并且持久地存储到磁盘(表特性)。

使用视图的优点主要有:

- 数据集中显示。可以使视图集中数据、简化和定制不同用户对数据库的不同数据要求。
- 简化对数据的操作。使用视图可以屏蔽数据的复杂性,用户不必了解数据库的结构,就可以方便地使用和管理数据,简化数据权限管理。
- 自定义数据。针对不同用户,可以创建不同视图,限制其所能浏览和编辑的数据内容。
- 合并分割数据。在某些情况下,由于表中数据量太大,因此在表的设计时常将表进行水平或者垂直分割,但表结构的变化会对应用程序产生不良的影响。
- 简单而有效的安全机制。

7.1.2 创建视图

创建视图的方法有两种。

1. 通过对象资源管理器建立视图

(1) 在对象资源管理器中展开相应的数据库。

(2) 选择"视图"文件夹,右击,在弹出的快捷菜单中选择"新建视图"命令。

(3) 在弹出的"添加表"对话框中,如果要选多个表,可以使用 Ctrl 或 Shift 键进行多表的选择,然后单击"添加"按钮,单击"关闭"按钮。

(4) 在出现的"新视图"设计窗口中选择相应的字段,所选的列出现在窗格中,并且在

SQL 窗格中显示与之对应的 SELECT 语句。另外,在窗格中的"别名"列,可以为该列取一个别名,该别名对应于 SELECT 语句中的 AS 子句;"输出列"设置所选的列是否在视图结果中显示出来。"排序类型"和"排序顺序"则定义了结果列的排序方式,如图 7-3 所示。

（5）为了查看视图中的数据,可以单击视图设计器工具栏中的"执行 SQL"按钮 ,可以在结果窗格中显示视图中的数据。

（6）保存视图。单击标准工具栏中的"保存"按钮 ,在弹出的"选择名称"对话框中输入视图名 student_view_1,然后单击"确定"按钮。

2. 在 SQL 编辑器中用 T-SQL 命令建立视图

除了前面介绍的利用对象资源管理器创建视图外,还可以利用 T-SQL 语言来创建视图,创建时使用 CREATE VIEW 命令的语法形式如下:

```
CREATE VIEW view_name
[WITH {ENCRYPTION |SCHEMABINDING|VIEW_METADATA}]
AS select_statement
[WITH CHECK OPTION]
```

CREATE VIEW 命令中的各参数说明如下。

* view_name:视图名。应包括数据库名、数据库所有者名。
* ENCRYPTION:表示让 SQL Server 加密视图的定义。使用 ENCRYPTION 选项后,任何用户,包括定义视图的用户都将看不见视图的定义。
* SCHEMABINDING:表示将视图与其所依赖的表或视图结构相关联。使用 SCHEMABINDING 时,SELECT 查询语句必须包含所引用的表、视图或用户定义函数的两部分名称(所有者. 对象)。

当删除与视图关联的基表或基视图时,除非该视图已被删除或更改,不再具有关联,否则,SQL Server 会产生错误。另外,如果对参与具有关联视图的基表执行 ALTER TABLE 语句,又会影响与关联视图的定义,则这些语句也将会失败。

* VIEW_METADATA:指定为引用视图的查询请求浏览模式的元数据时,SQL Server 将向 DBLIB、ODBC 和 OLE DB API 返回有关视图的元数据信息,而不是返回基表或其他表。
* select_statement:用来创建视图的 SELECT 语句,SELECT 语句中查询多个表或视图,以表明新创建的视图所参照的表或视图。但对 SELECT 语句中,不能使用 COMPUTE,COMPUTE BY,ORDER BY,INTO,不能在临时表或表变量上创建视图。
* WITH CHECK OPTION:强制视图上执行的所有数据修改语句都必须符合由 SELECT 查询语句设置的准则。通过视图修改行时,WITH CHECK OPTION 可确保提交修改后,仍可通过视图看到修改的数据。

相关案例 1

在"教学管理"数据库中查询学生的选课情况,通过对表 student,course,score 创建

168 student_view_2 视图,来了解学生选课情况。

操作过程如下。

(1)单击标准工具栏中的"新建查询"按钮,在右侧的 SQL 编辑器中输入下列语句:

```
USE 教学管理
GO
CREATE VIEW student_view_2
AS
SELECT student.student_name,student.student_id,
       score.score,dbo.course.course_name
FROM   dbo.course INNER JOIN
       dbo.score ON dbo.course.course_id = dbo.score.course_id
       INNER JOIN dbo.student
       ON dbo.score.student_id = dbo.student.student_id
Go
```

(2)单击 SQL 编辑器工具栏中的"执行"按钮 ！或按 F5 键,执行完成后会在消息选项卡中显示"命令已成功完成"。并在左侧的对象资源管理器中右击"视图"文件夹,在弹出的快捷菜单中选择"刷新"命令,会显示新增的 dbo.student_view_2 视图,如图 7-7 所示。

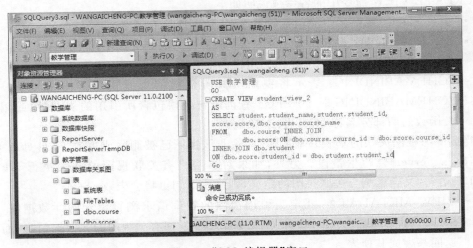

图 7-7 "SQL 编辑器"窗口

注意:SQL Server 数据库中的视图不允许重名,如果按照之前通过对象资源管理器建立视图实例建立了 student_view_2 视图,则会提示数据库中已存在名为'student_view_2'的对象。

说明:在 SQL 编辑器中查看视图内容与查看表一样用 SELECT 语句,如图 7-8 所示。

相关案例 2

当要了解每名学生各门课程的总成绩情况时,可以通过对表 student 创建视图来完成。操作过程如下:

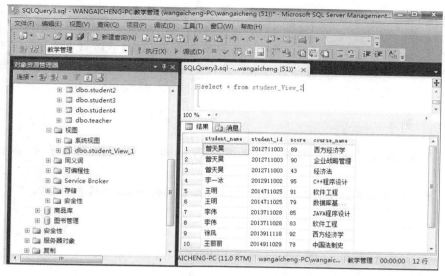

图 7-8 "视图运行结果"窗口

（1）单击标准工具栏中的"新建查询"按钮，在右侧的 SQL 编辑器中输入下列语句：

```
USE 教学管理
CREATE VIEW student_view_3
AS
SELECT B.student_id, sum(score) AS 总分 FROM student A,score B
where A.student_id=B.student_id
GROUP BY B.student_id
GO
```

说明：创建视图时可以包含计算列。

（2）单击 SQL 编辑器工具栏中的"执行"按钮 ▮ 或 F5 键即可。然后通过 SELECT ∗ FROM student_view_3 命令查询其结果，如图 7-9 所示。

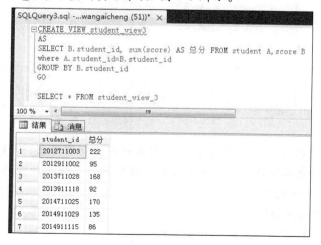

图 7-9 "student_view_3 视图运行"窗口

小提示

不仅可以在基表中创建视图,也可以在视图上创建视图;WITH ENCRYPTION 创建的是加密视图,用户看不到其结构。这时最好备份未加密的代码,因为在加密后就不能再恢复未加密的代码了。

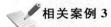 相关案例 3

通过视图 student_view_1 创建一个加密视图 student_view_4,包括学号、课程名称、成绩。

(1)单击标准工具栏中的"新建查询"按钮,在右侧的 SQL 编辑器中输入下列语句:

```
USE 教学管理
GO
CREATE VIEW student_view_4 WITH ENCRYPTION
AS
SELECT 学号, 课程名称, 成绩 FROM student_view_1
GO
```

(2)单击 SQL 编辑器工具栏中的"执行"按钮 ▌或按 F5 键即可。然后通过 SELECT ＊ FROM student_view_4 命令查询其结果,如图 7-10 所示。

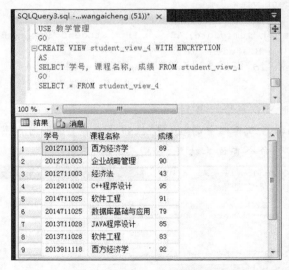

图 7-10　"student_view_4 视图运行"窗口

说明:不仅可以在基表中创建视图,也可以在视图上创建视图;WITH ENCRYPTION 创建的是加密视图,也就是用户看不到其结构。这时最好备份未加密的代码,因为在加密后就不能再恢复未加密的代码了。

3. 创建视图时应注意的问题

在创建视图之前,应该注意以下几个方面。

（1）只能在当前数据库中创建视图，不过，如果使用了分布式查询，则新视图所引用的表和视图可以是其他数据库，甚至是其他服务器中的。

（2）视图的名称必须符合标识符定义的规则，对于每个用户来说也必须是唯一的。另外，视图的名称不能与该用户的表重名。

（3）可以创建在引用了视图的存储过程和视图的基础上创建视图，SQL Server 2012允许视图的嵌套定义 32 层。

（4）在视图上不能定义规则，也不能有 DEFAULT 属性。

（5）在视图上不能有 AFTER 触发器，但可以有 INSTEAD OF 触发器。

（6）定义视图的查询语句中不能含有以下关键字：ORDER BY，COMPUTE，COMPUTE BY 和 INTO 子句。

（7）不能在视图上定义全文索引。

（8）不能创建临时视图，也不能在临时表上创建视图。

（9）如果视图创建时使用了 SCHEMABINDING 子句，则构成它的视图和表是不能被删除的，除非视图被删除或者是改变而使计划绑定不再有效。在有计划绑定的视图创建之后，构成该视图的表就不能再用 ALTER TABLE 语句了。

（10）虽然视图的定义中可以含有全文查询，如果那个查询引用了一个配置了全文索引，但是不能发行视图的全文查询。

① 在以下情况下，必须指定视图中每个列的名字：

- 视图中的任意一列是来自于一个算术表达式、函数或常数的。
- 视图中的两列或更多的列的名称相同（通常这是因为视图的定义中包含了一个连接，而两个或更多的表中有相同的列名）。

② 给视图中的每个列取一个不同于原始表的名称。

7.1.3 视图的重命名

要更改视图的名称，可以在对象资源管理器中要修改的视图上右击，在弹出的快捷菜单中选择"重命名"命令，如图 7-11 所示；也可以在选中要修改的视图后单击视图的文件名，如图 7-12 所示。视图的名称变为可输入的状态，可以直接输入视图的新名称。

7.1.4 修改视图

修改视图的方法有以下两种。

1. 通过对象资源管理器修改视图

有时要了解不同的图书情况，可以对原有的视图进行修改即可，通过对象资源管理器修改视图的步骤如下：

① 进入对象资源管理器，展开数据库"教学管理"。

② 展开"视图"文件夹，选择要修改的视图，在需修改的视图上右击，在弹出的快捷菜单中选择"设计"命令。

③ 在弹出的窗口中对视图定义进行修改，修改完成后单击标准工具栏中的"保存"按钮 即可。

图 7-11   选择"重命名"命令

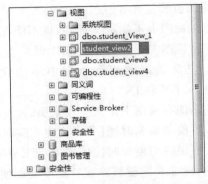

图 7-12   重命名视图

说明：对加密存储的视图不能在对象资源管理器界面修改。

2. 利用 T-SQL 命令修改视图

使用 ALTER VIEW 命令修改视图的语法格式如下：

```
ALTER VIEW [<databASe_name>.][<owner>.]view_name [(Column_name [,...,n])]
[WITH {ENCRYPTION |SCHEMABINDING|VIEW_METADATA}] [,...,n]]
AS SELECT_statement
[WITH CHECK OPTION]
```

ALTER view 命令中的各参数说明如下。

view_name：视图名。

ENCRYPTION：表示让 SQL Server 加密视图的定义。

SCHEMABINDING：表示将视图与其所依赖的表或视图结构相关联。

ALTER VIEW 也必须是批命令中的第一条语句。

相关案例 4

修改 student_view_1 视图，包括学号、姓名、专业、年级、课程名称、成绩字段。操作
步骤如下。

(1) 单击标准工具栏中的"新建查询"按钮，在右侧的 SQL 编辑器中输入下列语句：

```
USE 教学管理
GO
ALTER VIEW student_view_1
AS
SELECT A.student_id, student_name, grade, department, B.score, B.course_id
FROM student A, score B
```

```
where A.student_id=B.student_id
GO
```

（2）单击 SQL 编辑器工具栏中的"执行"按钮 或按 F5 键即可。

（3）查询视图修改的结果。在 SQL 编辑器中输入 SELECT ＊ FROM student_view_1，单击 SQL 编辑器工具栏中的"执行"按钮 或按 F5 键，如图 7-13 所示。

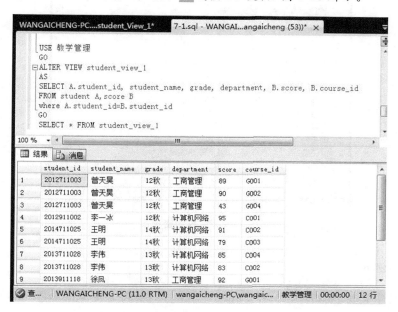

图 7-13　修改视图

相关案例 5

修改加密视图 student_view_4，包括 student_name、score、course_name。

（1）在 SQL 编辑器中输入如下语句：

```
USE 教学管理
GO
ALTER VIEW student_view_4 WITH ENCRYPTION
AS
SELECT student_name,score,course_name FROM student_view_2
GO
```

（2）查询视图修改的结果。在 SQL 编辑器中输入 SELECT ＊ FROM student_view_4，单击 SQL 编辑器工具栏中的"执行"按钮 或按 F5 键即可，如图 7-14 所示。

7.1.5　使用视图

通过视图可以修改基本表数据。包括对基本表数据的插入、修改、删除操作。

1. 插入数据

使用 INSERT 语句通过视图向基本表插入数据。

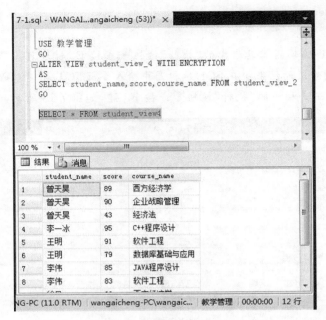

图 7-14　修改加密视图

 相关案例 6

针对"教学管理"数据库,创建"student_view_5"视图,需要 student_name 和 student_id 列,通过视图插入只包括 student_name 和 student_id 列的数据。例如,向视图中插入一条记录:('李四','14111001')。

(1) 在 SQL 编辑器中输入如下语句:

```
USE 教学管理
GO
INSERT INTO student_view_5 (student_name, student_id)
VALUES ( '李四', '14111001')
GO
```

(2) 单击 SQL 编辑器工具栏的"执行"按钮后,查看视图和视图的基表。

在 SQL 编辑器中输入 SELECT ＊ FROM student_view_5 命令后并单击 SQL 编辑器工具栏中的"执行"按钮,其运行结果如图 7-15 所示。

在 SQL 编辑器中输入 SELECT ＊ FROM student_view_1 命令后并单击 SQL 编辑器工具栏中的"执行"按钮,即可查询其结果。

小提示

视图是虚拟表,其本身不存储数据(来自其引用表),添加的数据是存储于视图参照的数据表中。用户有向数据表插入数据的权限。视图只引用表中部分字段,插入数据时只能是明确其应用的字段取值。

图 7-15 插入数据后的视图

未引用的字段应具备下列条件之一：

（1）允许空值；设有默认值；是标识字段；数据类型是 timestamp 或 uniqueidentifier。

（2）定义视图使用 WITH CHECK OPTION，则插入数据应符合相应条件。

（3）若视图引用多个表，一条 INSERT 语句只能同一个基表表中数据。

2. 更新数据记录

使用视图可以更新基表数据记录（注意使用 Update 时的限制同样适用）。

图书管理中经常要进行图书版次的调整，可以通过视图更新要调整的图书版次。

相关案例 7

将 student_view_5 视图"李四"的学号改为'101110009'。

（1）在 SQL 编辑器中输入如下语句：

```
USE 教学管理
GO
UPDATE student_view_1 SET student_id = '101110009'
WHERE student_name = '李四'
GO
```

（2）单击 SQL 编辑器工具栏中的"执行"按钮，然后输入 SELECT ＊ FROM student_view_1 命令查看通过视图修改基表中数据，如图 7-16 所示。

相关案例 8

针对"教学管理"数据库，创建 student_view_6 视图，需要 course_id 和 score 列。将

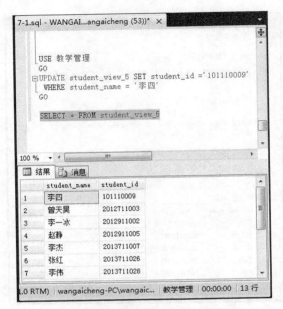

图 7-16　通过视图修改基表中数据

选修了"C001"课程的每个学生的成绩增加 5 分。

(1) 在 SQL 编辑器中输入如下语句,创建视图。

```
USE 教学管理
GO
CREATE VIEW student_view_6
AS
SELECT course_id, score FROM score
Go
```

(2) 在 SQL 编辑器中输入如下语句,更新视图。

```
USE 教学管理
GO
UPDATE student_view_6 SET score = score+5 WHERE course_id = 'C001'
GO
SELECT * FROM student_view_6
```

(3) 单击 SQL 编辑器工具栏中的"执行"按钮,然后输入 SELECT * FROM student_view_6 命令查看通过视图修改基表中数据,如图 7-17 所示。

3. 删除数据记录

利用 DELETE 语句,使用视图删除记录,可以删除任何基表中的记录。

 小提示

必须指定在视图中定义过的字段来删除记录;视图引用多个表时,无法用 DELETE 命令删除数据。

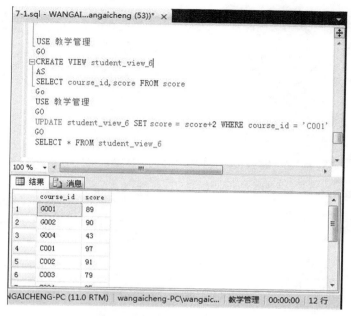

图 7-17　通过视图修改基表中数据

相关案例 9

通过视图 student_view_5 删除表中姓名为"李四"的记录。

（1）在 SQL 编辑器中输入如下语句：

```
DELETE student_view_2 WHERE student_name='李四'
```

（2）单击 SQL 编辑器工具栏中的"执行"按钮，然后输入 SELECT ＊ FROM student_view_5 命令查看通过视图修改基表中数据。可以看到姓名为"李四"的记录被删除了。

7.1.6　删除视图

删除视图同样也可以通过对象资源管理器界面和 T-SQL 语句两种方式来实现。

1. 通过对象资源管理器删除视图

通过对象资源管理器删除视图的步骤如下。

（1）在对象资源管理器中展开数据库教学管理→视图文件夹。

（2）在需删除的视图上右击，在弹出的快捷选单上选择"删除"命令，弹出如图 7-18 所示的"删除对象"对话框，单击"确定"按钮即可删除指定的视图。

2. 利用 T-SQL 命令删除视图

用 T-SQL 命令删除视图语法格式如下：

```
DROP VIEW[view_name][,...,n]
```

其中，view_name 是视图名，使用 DROP VIEW 一次可删除多个视图。

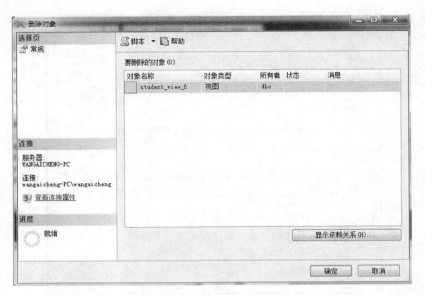

图 7-18 "删除对象"对话框

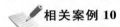 相关案例 10

删除视图 student_view_5。

DROP student_view_5

7.2 【实例12】索引

索引与书籍的目录或者标签的作用是一样的。用户在使用书籍时,通过目录可以迅速地找到所要查看的内容的页码,从而得到需要的信息。如果把数据库中的数据看作是书籍的内容,那么索引就是书籍的目录。索引是数据库中的表的关键字,它指向表中每行的数据。当要查找指定的数据块时,索引可以作为一个逻辑指针指向它的物理位置。

在 SQL Server 2012 中用户对数据库最频繁的操作是进行数据查询。一般情况下,数据库在进行查询操作时,需要对整个表进行数据搜索。当表中的数据量很大时,搜索数据就需要很长的时间,这就造成了服务器的资源浪费,利用索引可以快速访问数据库表中的特定信息。

本节将学习 SQL Server 2012 中索引操作的相关知识,包括索引的建立、索引的查看、索引的修改、索引的删除等。本章的学习要点包括:索引的概念和类型、使用 SSMS 管理索引的操作、使用 T-SQL 语句管理索引、创建和使用全文索引。

实例说明

针对"教学管理"数据库,对表 student 的中的 student_id 和 department 列创建索引。

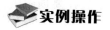实例操作

通过对象资源管理器建立索引的步骤如下。

（1）进入对象资源管理器，依次展开数据库"教学管理"及要创建索引的表 student。

（2）右击"索引"文件夹，在弹出的快捷菜单中选择"新建索引"命令，如图 7-19 所示。

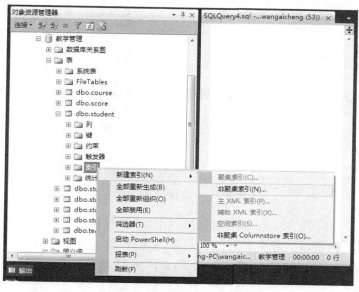

图 7-19　选择"新建索引"命令

（3）在"新建索引"对话框输入"索引名称"，选择"索引类型"及是否"唯一"，之后单击右侧的"添加"按钮，如图 7-20 所示。

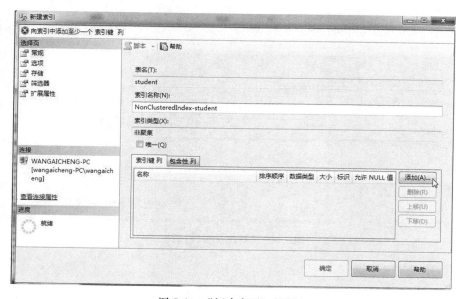

图 7-20　"新建索引"对话框

（4）出现"选择列"对话框。在"选择要添加到索引中的表列"选项组中选择要创建索引的列，然后单击"确定"按钮，如图 7-21 所示。

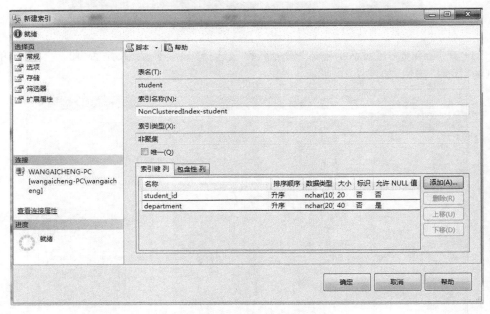

图 7-21　"选择列"对话框

（5）回到"新建索引"对话框。为所选的列指定"排序次序"（升序或降序）；通过右侧的"上移"、"下移"按钮调整索引键列的优先级，如图 7-22 所示。在单击"确定"按钮后就可以在对象资源管理器中看到新建的索引了，如图 7-23 所示。

图 7-22　"新建索引"对话框

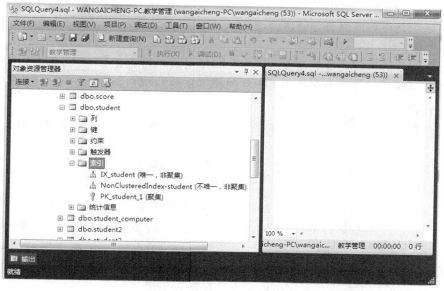

图 7-23　创建完成后的索引

知识学习

7.2.1　索引概述

1. 索引的分类

索引是一种与表或视图关联的物理结构，能提供一种以一列或多列的值为基础迅速查找表中行的能力，用来加快从表或视图中检索数据行的速度。索引使数据库程序无须对整个表进行扫描，就可以在其中找到所需数据。而数据库中的索引是一个表中所包含的值的列表，其中注明了表中包含各个值的行所在的存储位置。

在数据库系统中建立索引主要有以下作用：

（1）大幅加快数据访问。

（2）通过唯一索引，可以增强数据记录的唯一性。

（3）实现表与表之间的参照完整性。

（4）在使用 ORDER BY，GROUP BY 子句进行数据检索时，利用索引可以减少排序和分组的时间。

2. 索引的分类

如果一个表没有创建索引，则数据行按输入时的顺序存储，这种结构称为堆集。

SQL Server 2012 以存储结构来进行区分，即按索引的组织方式区分，可将 SQL Server 索引分为聚集索引和非聚集索引两种类型。

另外，从索引键值上分，可分为唯一索引和非唯一索引。索引可以是唯一的，这意味着不会有两行记录相同的索引键值，这样的索引称为唯一索引。当唯一性是数据本身应考虑的特点时，可创建唯一索引。索引也可以不是唯一的。即多个行可以共享同一键值，这样的索引称为非唯一索引。

如果索引是根据多列组合创建的,这样的索引称为复合索引。

(1) 聚集索引

聚集索引将数据行的键值在表内排序并存储对应的数据记录,使得数据表物理顺序与索引顺序一致。即以某个字段为关键字创建了聚集索引后,数据表中的数据便安索引的顺序进行排序了。

由于数据记录按聚集索引键的次序存储,因此聚集索引对查找记录很有效。一个表只能有一个聚集索引,但该索引可以包含多个列。

SQL Server 2012 会为表自动建立一个名为 sy1 的聚集索引。

(2) 非聚集索引

非聚集索引完全独立于数据行的结构。也就是说,数据存储在一个地方,索引领教在另一个地方。表中的数据行不按非聚集键的次序存储,即数据表物理顺序与索引顺序不一致。

只有在表上创建聚集索引时,表内的行才按聚集索引键顺序存储。如果一个表只有非聚集索引,它的数据行将按无序的堆集方式存储。

SQL Server 2012 在默认情况下建立的索引是非聚集索引。一个表中最多只能有一个聚集索引,但可有一个或多个非聚集索引。在创建索引时,可指定是按升序还是降序存储键。

 小提示

如果一个表中既要创建聚集索引,又要创建非聚集索引时,应先创建聚集索引,然后创建非聚集索引,因为创建聚集索引时将改变数据记录的物理存放顺序。

7.2.2 创建索引

创建索引有两种方法,一种是通过对象资源管理器创建索引,另外一种是通过 T-SQL 语句创建索引。

1. 通过对象资源管理器建立索引

(1) 进入对象资源管理器,依次展开数据库"教学管理"及要创建索引的表 student。

(2) 右击"索引"文件夹,在弹出的快捷菜单中选择"新建索引"命令。

(3) 在"新建索引"对话框中输入"索引名称",选择"索引类型"及是否"唯一",之后单击右侧的"添加"按钮。

(4) 出现"选择列"对话框。在"表列"下的复选框中选择要创建索引的列,然后单击"确定"按钮。

(5) 回到"新建索引"对话框。为所选的列指定"排序次序"(升序或降序);通过右侧的"上移"、"下移"按钮调整索引键列的优先级。

(6) 单击"确定"按钮后就可以在对象资源管理器中看到新建的索引了。

创建索引时,要注意以下几点:

(1) 当在表中创建主关键字约束或唯一性约束时,SQL Server 自动创建一个唯一性索引。

（2）如果表中已有数据，那么在创建索引时，SQL Server 会检查数据的合法性。当有不合法的数据存在时，创建索引将失败。

（3）当有多个列作为关键字列时，应创建复合索引，即索引包含有两个或多个列。但最好只选择一列或两列。

（4）基于相同列，但列次序不同的复合索引也是不同的。如基于商品编号、条形码列的复合索引与基于条形码列、商品编号列的复合索引是不同的。

（5）只有表的所有者可以在同一表中创建索引。

（6）每个表可以创建的非聚集索引最多 249 个（包括 PRIMARY KEY 和 UNIQUE 约束创建的任何索引）。

2. 利用 T-SQL 命令建立索引

用 CREATE INDEX 命令创建索引的语法格式如下：

```
CREATE [UNIQUE] [CLUSTERED|NONCLUSTERED] INDEX index_name
ON {table_name | view_name}
(column [ASC|DESC][,...,n])
[WITH<index_option>[,...,n]]
[ON filegroup]
<index_option>::=
{PAD_INDEX | FILLFACTOR=fillfactor
|IGNORE_DUP_KEY
|DROP_EXISTING
|STATISTICS_NORECOMPUTE
|SORT_IN_TEMPDB}
```

CREATE INDEX 命令中的各参数说明如下。

① UNIQUE：该选项用于创建唯一索引，此时 SQL Server 不允许数据行中出现重复的索引值。如果表的现有数据中待创建索引的列有重复值时，不能创建唯一索引，只有删除重复的列值后，才能继续创建唯一索引。创建唯一索引后，如果 INSERT 或 UPDATE 操作后会导致有重复的索引值出现时，该 INSERT 或 UPDATE 操作都会失败，并由系统给出错误信息。

② CLUSTERED：该选项用于创建聚集索引，它的顺序和数据行的物理存储顺序一致。一个表或视图只能有一个聚集索引，必须在创建任何非聚集索引之前创建聚集索引。如果在 CREATE INDEX 命令中没有指定 CLUSTERED 选项，则默认使用 NONCLUSTERED 选项，创建一个非聚集索引。

③ NONCLUSTERED：该选项用于创建一个非聚集索引。

④ index_name：要创建的索引名字。

⑤ table_name：数据表名称。

⑥ view_name：视图名。

⑦ column：数据表或视图中的列名。

⑧ ASC|DESC：ASC 表示索引文件按升序建立，DESC 表示索引文件按降序建立，

默认值为 ASC。

⑨ FILLFACTOR：该选项用于指定在 SQL Server 创建索引的过程中，每个各索引页面的叶级的填充程度（百分比）。它说明每次叶级索引页面填充多少时开始分页，从而在索引布面中保留一定空间。

⑩ PAD_INDEX：该选项用于指定维护索引用的中间级中每个索引页上保留的可用空间。必须与 FILLFACTOR 同时用。

⑪ IGNORE_DUP_KEY：用于确定对唯一索引的列插入重复键值时的处理方式。如果索引指定了 IGNORE_DUP_KEY，插入重复值时，SQL Server 会发出一条警告消息并取消重复行的插入操作；如果索引没有指定了 IGNORE_DUP_KEY，SQL Server 会发出一条警告消息，并回滚整个 INSERT 语句。

⑫ DROP_EXISTING：用于在创建索引时删除并重建指定的已存在的索引。

⑬ STATISTICS_NORECOMPUTE：指定过期的索引统计不进行自动重新计算。若要恢复自动更新统计，可执行没有 NORECOMPUTE 选项的 UPDATE STATISTICS 命令。

⑭ SORT_IN_TEMPDB：指定用于生成索引的中间排序结果将存储在 tempdb 数据库中。如果 tempdb 数据库与用户数据库不在同一磁盘集上，则使用此选项可能会减少创建索引所需的时间，但会增索引时使用的磁盘空间。

✏️ **相关案例 11**

为表 student 的 student_id 列创建唯一聚集索引。在 SQL 编辑器中输入如下语句，然后单击"执行"按钮或按 F5 键运行即可。

```
USE 教学管理
GO
CREATE UNIQUE CLUSTERED INDEX student_id_idx ON student (student_id)
GO
```

 小提示

如果索引已经存在则可在以上代码的第三行最后加入"WITH DROP_EXISTING"代码，其作用是将同名的索引删除；如果已经存在一个聚集索引，则无法创建。

✏️ **相关案例 12**

在"教学管理"数据库中，为表 student 的 student_id 和 department 列创建复合索引。在 SQL 编辑器中输入如下语句，然后单击"执行"按钮或按 F5 键运行即可。

```
USE 教学管理
GO
CREATE INDEX student_idx ON student(student_id, department)
GO
```

相关案例 13

在"教学管理"数据库中为表 student 的 student_id 和 department 列创建唯一聚集复合索引。创建时指定 PAD_INDEX、FILLFACTOR 选项,使得叶级页和中间页都只填充30%后就换新页面填充。

在 SQL 编辑器中输入如下语句,然后单击"执行"按钮或按 F5 键运行即可。

```
USE 教学管理
GO
CREATE UNIQUE CLUSTERED INDEX student_idx ON student(student_id,department)
WITH PAD_INDEX, FILLFACTOR=30, DROP_EXISTING
GO
```

相关案例 14

在"教学管理"数据库中为表 student 的 student_id 列创建唯一聚集索引。如果输入了重复的键,将忽略该 INSERT 或 UPDATE 语句。

在 SQL 编辑器中输入如下语句,然后单击"执行"按钮或按 F5 键运行即可。

```
USE 教学管理
GO
CREATE UNIQUE CLUSTERED INDEX student_idx ON student(student_id)
with IGNORE_DUP_KEY, DROP_EXISTING
GO
```

说明:WITH IGNORE_DUP_KEY 参数,如果输入了重复的 student_id 值,将取消插入或修改。

7.2.3 修改索引

修改索引是包括重建索引和重命名索引。

1. 重新生成索引

使用 T-SQL 语句中的 DBCC DBREINDEX 命令重建指定数据库中表的一个或多个索引。DBCC DBREINDEX 命令重建索引的格式如下:

```
DBCC DBREINDEX ([database. owner. table_name [, index_name[, fillfacter ] ] ] )
[WITH NO_INFOMSGS]
```

DBCC DBREINDEX 命令中的各参数说明如下。

① database. owner. table_name:表名。

② index_name:索引名。

③ fillfacter:同前面,填充因子。

④ WITH NO_INFOMSGS:禁止显示所有信息性消息(具有从 0~10 的严重级别)。

重新生成表 student 的 student_idx 索引。在 SQL 编辑器中输入以下语句, 然后单击 "执行" 按钮或按 F5 键即可重建索引。

```
DBCC DBREINDEX (student) WITH NO_INFOMSGS
GO
```

2. 索引的重命名

索引的重命名有两种方法: 一是通过对象资源管理器更改索引名称, 二是利用 T-SQL 命令更改索引名称。

(1) 通过对象资源管理器对索引重命名

更改索引的名称, 可以在对象资源管理器中右击要修改的索引, 在弹出的快捷菜单中选择 "重命名" 命令; 也可以在选中要修改的索引后, 单击索引的文件名。索引的名称变为可输入的状态, 可以直接输入索引的新名称。

(2) 利用 T-SQL 语句更改索引名称

可以使用 sp_rename 系统过程更改索引的名称, 使用的语法如下:

```
SP_RENAME [@objname=] 'object_name',
[@newname=]'new_name'
[, [@objtype=]'object_type']
```

SP_RENAME 系统过程中的参数说明如下。

① [@objname=] 'object_name': 是用户对象的当前名称。

② [@newname=]'new_name': 是指对象的新名称。

③ [@objtype=]'object_type': 是要重命名的对象类型, 这里应设为 INDEX。

将索引 student_idx 更名为 student_index。

在 SQL 编辑器中输入以下语句, 然后单击 "执行" 按钮或按 F5 键即可完成索引改名。在刷新了对象资源管理器中的 "索引" 文件夹后, 就可以看到更名后的索引了。

```
EXEC SP_RENAME '[student].student_idx', 'student_index ','INDEX'
GO
```

7.2.4 删除索引

删除索引的方法有以下两种。

1. 通过对象资源管理器删除索引

通过对象资源管理器删除视图的步骤如下。

(1) 在对象资源管理器中展开 "教学管理" 数据库→索引文件夹。

(2) 在需删除的索引上右击, 在弹出的快捷选单中选择 "删除" 命令, 弹出如图 7-24 所示的 "删除对象" 对话框, 再单击 "确定" 按钮即可删除指定的索引。

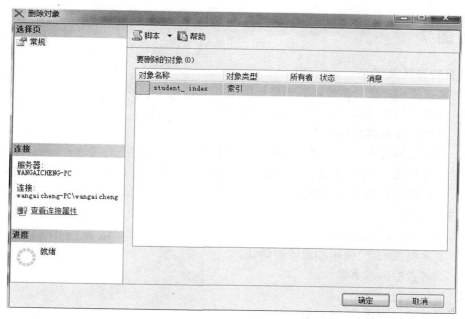

图 7-24 "删除对象"窗口

2. 利用 T-SQL 语句删除索引

使用 T-SQL 语句的 DROP INDEX 命令删除索引,其语法格式如下:

```
DROP INDEX 'table. index | view. index '[,...,n]
```

DROP INDEX 命令中的各参数说明如下。

- table ｜ view:索引列所在的表或索引视图。
- index:要删除的索引名称。
- n:表示可以指定多个要删除的索引。

 相关案例 17

删除在表 student 上创建的索引 student_idx。

在 SQL 编辑器中输入如下语句,然后单击"执行"按钮或按 F5 键即可删除索引。

```
DROP INDEX student.student_idx
```

小提示

(1)在系统表的索引上不能进行 DROP INDEX。

(2)删除 PRIMARY 或 UNIQUE 约束创建的索引,必须先删除约束后,再删除 PRIMARY 或 UNIQUE 约束使用的索引。

(3)删除视图或表时,自动删除在视图或表上创建的索引。

(4)默认情况下,DROP INDEX 权限属于表所有者,不可转让。

实训 7

1. 目的与要求

（1）掌握使用对象资源管理器创建视图的方法。

（2）掌握使用 T-SQL 语句创建视图的方法。

（3）掌握修改和删除视图的方法。

（4）掌握使用对象资源管理器创建索引的方法。

（5）掌握使用 T-SQL 语句创建索引的方法。

（6）掌握修改和删除索引的方法。

2. 实训准备

（1）了解视图的基本概念。

（2）了解视图创建、使用和删除的语法。

（3）了解索引的基本概念。

（4）了解索引的分类。

（5）了解索引创建、修改和删除的语法。

3. 实训内容

（1）在"教学管理"数据库的表 student 创建视图 student_view。查看所有学生的学号、姓名、出生日期、专业、年级。

（2）利用创建的视图 student_view 向表中插入两条新记录。两条记录内容自拟。

（3）利用创建的视图 student_view 向修改表 plus 中的记录，将"计算机网络"专业名称改为"计算机信息管理"，然后再删除此记录。

（4）修改创建的视图 student_view 为查看所有学生的学号、姓名、出生日期、专业，再将其修改为加密视图。

（5）对表 Student 中学号 student_idx 列创建唯一集聚索引。

（6）将 student_idx 修改为：如果输入了重复的键，将忽略该 INSERT 或 UPDATE 语句的索引。

习题 7

1. 什么是视图？视图的作用是什么？

2. 什么是索引？索引有什么作用？

3. 聚集索引与非聚集索引的区别？

4. 对图书管理数据库中的 borrow 数据表创建视图 borrow_view。查看除返还时间外的所有借书信息。包括 borrow_id、reader_id、student_id、borrow_time、borrow_number、due_tiem、fine。

5. 利用创建的视图 borrow_view 向表中插入两条新记录。两条新记录的内容自拟。

6. 利用创建的视图 borrow_view 向修改表中的记录，使为读者编号为 4 且图书编号为 6 的 fine 增加 2 元,然后再删除此记录。

7. 修改创建的视图 borrow_view 为加密视图。

8. 对表 borrow 中图书编号 borrow_id 列创建名为 borrow_idx 的唯一集聚索引。

9. 将 borrow_idx 修改为,如果输入了重复的键,将忽略该 INSERT 或 UPDATE 语句的索引。

第 **8** 章

存储过程与触发器

◆ **技能要求**

1. 掌握存储过程创建、执行、修改和删除的方法；
2. 掌握触发器创建、修改和删除的方法。

8.1 【实例 13】存储过程

存储过程（Stored Procedure）是一组完成特定功能的 SQL 语句集，经编译后存储在数据库中。存储过程可包含程序流、逻辑以及对数据库的查询。它们可以接受参数、输出参数、返回单个或多个结果集以及返回值。使用存储过程，可以将 Transact-SQL 语句和控制流语句预编译到集合保存到服务器端，来提高访问数据的速度与效率，还提供了良好的安全机制。

◎ **实例说明**

在教学的日常管理中，有时需要根据学生的学号查询到对应的学生姓名，可以通过存储过程来完成这个功能。

创建一个带有输入参数和输出参数的存储过程 student_proc1。其中输入参数用于接收学生学号，输出参数用于返回该学生的姓名。

📚 **实例操作**

1. 创建存储过程

（1）打开 Microsoft SQL Server Management Sudio 窗口，在"对象资源管理器"依次展开数据库"选课管理"→"可编程性"→"存储过程"节点。

（2）右击"存储过程"，在弹出的快捷菜单中选择"新建存储过程"命令，如图 8-1 所示。

（3）在右边窗格中显示了存储过程的模板，如图 8-2 所示。

（4）根据模板提示内容，输入存储过程包含的文本，输入以下语句，单击常用工具栏中的"执行"按钮或按 F5 键，即可完成存储过程的创建，如图 8-3 所示。

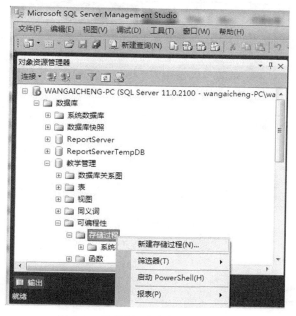

图 8-1　选择"新建存储过程"命令

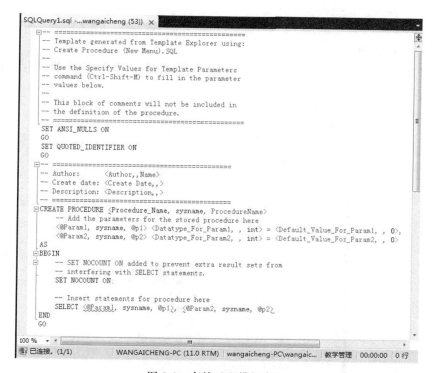

图 8-2　存储过程模板窗口

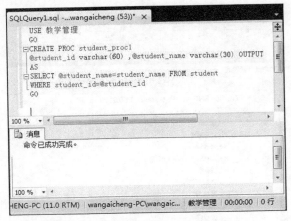

图 8-3 输入存储过程的 T-SQL 语句

```
USE 教学管理
GO
CREATE PROC student_proc1
@student_id varchar(60),@student_name varchar(30) OUTPUT
AS
SELECT @student_name =student_name FROM student
    WHERE student_id=@student_id
GO
```

2. 执行存储过程

(1) 右击"dbo.PRO_STU"存储过程,在弹出的快捷菜单中选择"执行存储过程"命令,如图 8-4 所示。

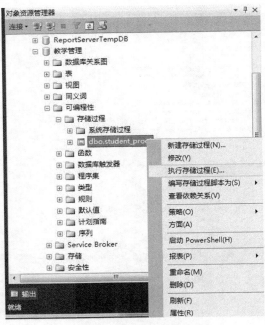

图 8-4 选择"执行存储过程"命令

（2）打开"执行过程"对话框，如图 8-5 所示，输入指定执行存储过程的输入参数，即
@student_id 的值为"2012711003"。

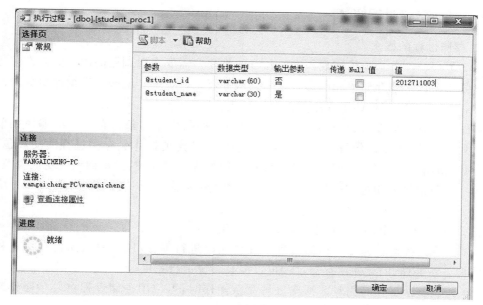

图 8-5　"执行过程"对话框

（3）单击"确定"按钮，即可执行选定的存储过程，效果如图 8-6 所示。

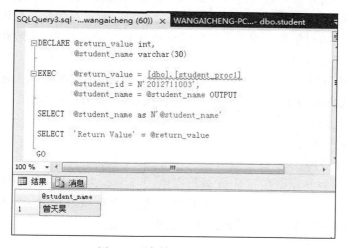

图 8-6　"存储过程"执行效果

（4）如果创建存储过程的语句正确执行，在"对象资源管理器"中便可显示新创建的
存储过程。

知识学习

8.1.1 存储过程概述

1. 存储过程的概念

在 SQL Server 中，为了实现特定的任务而将一些需要多次调用的固定的操作编写成子程序并集中以一个存储单元的形式存储在服务器上，由 SQL Server 数据库服务器通过子程序名来进行调用，这些子程序就是存储过程。

存储过程是存储在 SQL Server 数据库中的一种数据库对象。它是一组编译在单个执行计划中的 T-SQL 语句，作为一个整体用于执行特定的操作。存储过程的功能包括：接受参数；调用另一过程；返回一个状态值给调用过程或批处理，指示调用成功或失败；返回若干个参数值给调用过程或批处理，为调用者提供动态结果；在远程 SQL Server 中运行等。

在 SQL Server 中，使用存储过程具有如下优点：

（1）加快系统运行速度。存储过程只在创建时进行编译，以后每次执行存储过程都不需要再重新编译，因此使用存储过程可以提高系统运行速度。

（2）封装复杂操作。当对数据库进行复杂操作时，可使用存储过程将复杂操作封装起来与数据库提供的事务处理结合在一起使用。

（3）实现代码重用。可以实现模块化程序设计，存储过程一旦创建，以后即可在程序中随时、任意调用，这样就可以改进程序的可维护性，并允许应用程序统一访问数据库。

（4）增强安全性。可以设置特定用户具有对指定存储过程的执行权限而不具备直接对存储过程中引用的对象具有权限。可以强化应用程序的安全性，参数化存储过程有助于保护应用程序不受 SQL 注入式攻击。

（5）减少网络流量。因为存储过程存储在服务器上，并在服务器上运行。一个需要数百行 T-SQL 代码的操作可以通过一条执行存储过程代码的语句来执行，而不需要在网络中发送数百行代码，这样就可以减少网络流量。

2. 存储过程的类型

（1）系统存储过程

系统存储过程主要存储在 master 数据库中，并以 sp_ 为前缀，在调用时不必在存储过程前加上数据库名。系统存储过程主要用来从系统表中获取信息，为系统管理员管理 SQL Server 提供帮助，为用户查看数据库对象提供方便。

（2）本地存储过程

本地存储过程是由用户根据自身需要，为完成某一特定功能，在用户数据库中创建的。事实上一般所说的存储过程都是指本地存储过程。

（3）扩展存储过程

扩展存储过程通常以 xp_ 为前缀，它是关系数据库引擎的开放式数据服务层的一部分。扩展存储过程以在 SQL Server 运行环境外执行的动态链接库（DLL）来实现，以与存储过程相似的方式来执行。

（4）临时存储过程

临时存储过程分为两种：一是本地临时存储过程，以"＃"作为其名称的第一个字符，则该存储过程将成为一个存放在 tempdb 数据库中的本地临时存储过程，只有创建本地临时存储过程的连接才能执行该过程，当该连接关闭时，将自动删除该存储过程；二是全局临时存储过程，以"＃＃"开始，则该存储过程将成为一个存储在 tempdb 数据库中的全局临时存储过程，全局临时存储过程一旦创建，以后连接到服务器的任何用户都可以执行它，而且不需要特定的权限，SQL Server 关闭后，全局临时存储过程将自动被删除。

（5）远程存储过程

在 SQL Server 中，远程存储过程是位于远程服务器上的存储过程，通常可以使用分布式查询和 EXECUTE 命令执行一个远程存储过程。

8.1.2 创建存储过程

1. 使用 T-SQL 语句创建存储过程

要使用存储过程，首先要创建一个存储过程。在 SQL Server 2008 中，创建存储过程主要有两种方法：一是使用 T-SQL 语句创建存储过程，二是使用 SQL Server Management Studio 创建存储过程。实际上这两种方法都要通过 T-SQL 语句来创建存储过程，因此本节将主要讲解使用 T-SQL 语句创建存储过程的操作方法。

在 SQL Server 中，使用 T-SQL 语句中 CREATE PROCEDURE 命令来创建存储过程的语法格式如下：

```
CREATE PROC[EDURE] procedure_name [;number]
    [{@parameter data_type}
[VARYING][=default][OUTPUT]][,...,n1]
[WITH {RECOMPILE|ENCRYPTION|RECOMPILE, ENCRYPTION}]
[FOR REPLICATION]
AS sql_statement[,...,n2]
```

其中各参数的说明如下。

（1）procedure_name：存储过程的名称，必须符合标识符命名规则，且对于数据库及其所有者必须唯一。

（2）number：是可选的整数，用来对同名的过程分组，以便用一条 DROP PROCEDURE 语句即可将同组的过程一起删除。

（3）@parameter：过程中的参数。在 CREATE PROCEDURE 中可以声明一个或多个参数。用户必须在执行过程时提供每个所声明参数的值（除非定义了该参数的默认值）。参数名称必须符合标识符命名规则。

（4）data_type：参数的数据类型。所有数据类型均可以用作存储过程的参数。不过，如果指定的数据类型为 cursor，则必须同时指定 VARYING 和 OUTPUT 关键字。

（5）VARYING：指定作为输出参数支持的结果集（由存储过程动态构造，内容可以变化）。仅适用于游标参数。

（6）default：参数的默认值。如果定义了默认值，不必指定该参数的值即可执行存

196　储过程。默认值必须是常量或 NULL。如果存储过程将对该参数使用 LIKE 关键字,则默认值中可以包含通配符(%、_、[]和[^])。

(7) OUTPUT:表明参数是返回参数。该选项的值可以返回给 EXEC[UTE]。使用 OUTPUT 参数可将信息返回给调用过程。

(8) n1:表示可以指定若干个参数。存储过程最多可以有 2100 个参数。

(9) {RECOMPILE | ENCRYPTION | RECOMPILE, ENCRYPTION }: RECOMPILE 表明 SQL Server 不会缓存该过程的计划,该过程将在运行时重新编译。ENCRYPTION 表示 SQL Server 加密 syscomments 表中包含 CREATE PROCEDURE 语句文本的条目。使用 ENCRYPTION 可防止他人查看或修改存储过程定义的文本。

(10) FOR REPLICATION:指定不能在订阅服务器上执行为复制创建的存储过程。

(11) sql_statement:过程中要包含的任意数目和类型的 T-SQL 语句,但是会有一些限制。

(12) n2:表示此过程可以包含多条 T-SQL 语句。

相关案例 1

在教学管理中,经常要统计指定学生的每门课的总成绩。可以通过存储过程来完成。创建一个存储过程 student_proc2(加密的),查看指定学生的总成绩。

(1) 在 SQL Server Management Studio 中单击"新建查询"按钮。在弹出的窗口中输入以下语句:

```
USE 教学管理
GO
CREATE PROC student_proc2
@id varchar(60)='A%'
WITH ENCRYPTION
AS
SELECT student_id, sum(score) AS total
FROM score
WHERE student_id like @id
group by student_id
GO
```

(2) 然后单击常用工具栏中的"执行"按钮或按 F5 键,即可完成存储过程的创建。执行过程,如图 8-7 所示(WITH ENCRYPTION:加密存储过程,禁止他人查看或修改存储过程定义的文本)。

2. 使用 SQL Server Management Studio 创建存储过程

在 SQL Server 2012 中,还可以使用 SQL Server Management Studio 创建存储过程,具体的操作步骤如下:

图 8-7　创建存储过程

（1）在 SQL Server Management Studio 中展开需要创建存储过程的数据库 student。

（2）展开"可编程性"，选择"存储过程"对象，右击，在弹出的快捷菜单中选择"新建存储过程"命令。

（3）在弹出的窗口中输入相应的 T-SQL 语句，同样可以完成存储过程的创建。

创建存储过程时，应注意以下几点：

（1）根据可用内存的不同，存储过程最大可达 128M。

（2）用户定义的存储过程只能在当前数据库中创建（但临时存储过程除外）。

（3）在单个批处理中，CREATE PROCEDURE 语句不能与其他 T-SQL 语句组合使用。

（4）如果在存储过程中创建了临时表，则该临时表只能用于该存储过程，而且当存储过程执行完毕后，临时表将自动被删除。

（5）创建存储过程时，"sql_statement"不能包含下面的 T-SQL 语句：SET SHOWPLAN_TEXT、SET SHOWMAN_ALL、CREATE VIEW、CREATE DEFAULT、CREATE RULE、CREATE PROCEDURE 和 CREATE TRIGGER。

8.1.3　执行存储过程

使用 EXECUTE 语句来执行存储过程，其语法格式如下：

```
[[EXEC [UTE]]
{[@return_status=]
    {procedure_name[;number]|@procedure_name_var}
[[@parameter=] {value|@variable[OUTPUT]|[DEFAULT]}
    [,...,n]
[WITH RECOMPILE]}
```

其中各参数的说明如下。

（1）@return_status：一个可选的整型变量，保存存储过程的返回状态。这个变量在用于 EXECUTE 语句前，必须在批处理、存储过程或函数中声明过。

（2）procedure_name：调用的存储过程的名称。

（3）number：可选的整数，用于将相同名称的存储过程进行组合，使得它们可以用一句 DROP PROCEDURE 语句删除。

（4）@procedure_name_var：局部定义变量名，代表存储过程名称。

（5）@parameter：在 CREATE PROCEDURE 语句中定义的过程参数。参数名称前必须加上符号"@"。在以@parameter_name=value 格式使用时，参数名称和常量不一定按照 CREATE PROCEDURE 语句中定义的顺序出现。但是，如果有一个参数使用@parameter_name=value 格式，则其他所有参数都必须使用这种格式。

（6）value：过程中参数的值。如果参数名称没有指定，参数值必须以 CREATE PROCEDURE 语句中定义的顺序给出。如果参数值是一个对象名称、字符串或通过数据库名称或所有者名称进行限制，则整个名称必须用单引号括起来。如果参数值是一个关键字，则该关键字必须用双引号括起来。

(7) @variable：用来保存参数或者返回参数的变量。

(8) OUTPUT：指定存储过程必须返回一个参数。该存储过程的匹配参数也必须由关键字 OUTPUT 创建。使用游标变量作参数时使用该关键字。

(9) DEFAULT：根据过程的定义，提供参数的默认值。

(10) n：占位符，表示在它前面的项目可以多次重复执行。

(11) WITH RECOMPILE：强制编译新的计划。如果所提供的参数为非典型参数或数据有很大的改变，使用该选项。建议尽量少使用该选项，因为它会消耗较多的系统资源。

相关案例 2

执行相关案例 1 中的存储过程 student_proc2。查看指定学生学号"2012711003"的各门课程的总成绩。

(1) 在 SQL Server Management Studio 中单击"新建查询"按钮。

(2) 在弹出的窗口中，输入以下语句：

```
USE student
EXECUTE student_proc2 '2012711003'
GO
```

(3) 单击常用工具栏中的"执行"按钮或按 F5 键，运行结果如图 8-8 所示。

说明：当存储过程后不跟任何参数时，使用默认。

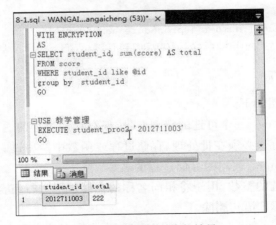

图 8-8 "存储过程"执行效果

8.1.4 修改存储过程

1. 使用 T-SQL 语句修改存储过程

在 SQL Server 中，修改存储过程同样可以使用 T-SQL 语句来实现。使用 T-SQL 语句的 ALTER PROCEDURE 命令修改存储过程的语法格式如下：

```
ALTER PROC[EDURE] PROCedure_name [;number]
{ @parameter data_type}
```

```
[VARYING][=default][OUTPUT]][,...,n1]
[WITH {RECOMPILE|ENCRYPTION|RECOMPILE, ENCRYPTION}]]
[FOR REPLICATION]
AS sql_statement[,...,n2]
```

其中各参数的说明与 CREATE PROCEDURE 命令相同。

相关案例 3

修改相关案例 1 中的存储过程为加密的存储过程。

在 SQL Server Management Studio 中单击"新建查询"按钮。在弹出的窗口中输入以下语句,然后单击常用工具栏中的"执行"按钮或按 F5 键,即可完成存储过程的修改。

```
USE 教学管理
GO
ALTER P PROC student_proc1
@student_id varchar(60) ,@student_name varchar(30) OUTPUT
AS
WITH ENCRYPTION
SELECT @student_name=student_name FROM student
WHERE student_id=@student_id
GO
```

2. 使用 SQL Server Management Studio 修改存储过程

在 SQL Server 2008 中,还可以使用 SQL Server Management Studio 修改存储过程,具体操作步骤如下:

（1）在 SQL Server Management Studio 中展开需要修改存储过程的数据库 student。

（2）展开"可编程性"→"存储过程"节点,在右窗格中选择要修改的存储过程,右击,在弹出的快捷菜单中选择"修改"命令。

（3）在弹出的窗口中输入相应的 T-SQL 语句,同样可以完成存储过程的修改。

另外,重命名存储过程也可以在 SQL Server Management Studio 中完成。在要重命名的存储过程上右击,在弹出的快捷菜单中选择"重命名"命令。在名字文本框中输入新名字,然后按 Enter 键即可完成。

8.1.5　删除存储过程

在 SQL Server 中,删除存储过程有两种方法:使用 SQL Server Management Studio 删除存储过程,还可以使用 T-SQL 语句删除存储过程。

1. 使用 SQL Server Management Studio 删除存储过程

使用 SQL Server Management Studio 删除存储过程的操作步骤如下:

（1）在 SQL Server Management Studio 中展开需要修改存储过程的数据库 student。

（2）选择要删除的存储过程,右击,在弹出的快捷菜单中选择"删除"命令,如图 8-9 所示。

（3）在"删除对象"对话框中单击"确定"按钮,即可删除存储过程,如图 8-10 所示。

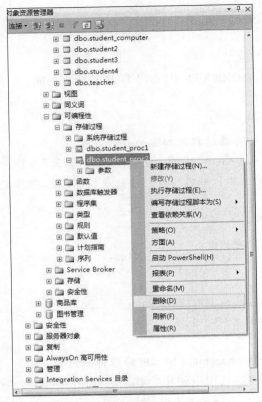

图 8-9　选择"删除存储过程"命令

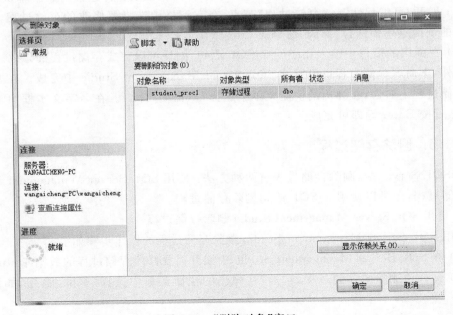

图 8-10　"删除对象"窗口

2. 使用 T-SQL 语句删除存储过程

使用 T-SQL 语句的 DROP PROCEDURE 命令删除存储过程的语法格式如下：

```
DROP PROCEDURE {procedure}[ ,...,n]
```

DROP PROCEDURE 命令中的参数说明如下。

（1）procedure：是指要删除的存储过程或存储过程组的名称。

（2）n：表示可以同时指定多个存储过程删除。

相关案例 4

删除存储过程 student_proc2 如下。

在 SQL Server Management Studio 中单击"新建查询"按钮。在弹出的窗口中输入以下语句，然后单击常用工具栏中的"执行"按钮或按 F5 键，即可删除存储过程 student_proc2。

```
DROP PROCEDURE student_proc2
GO
```

8.2 【实例 14】触发器

触发器（Trigger）是一种特殊类型的存储过程，与表紧密结合，只要对它所保护的数据进行修改，它就会自动触发，包括对表进行 INSERT、UPDATE 和 DELETE 操作，通过实现复杂的业务规则，更有效地实施数据完整性。

本章的学习要点包括：触发器的类型，分别使用对象资源管理器和 T-SQL 管理触发器，以及触发器的应用。

实例说明

创建一个 INSERT 触发器"trig_更新课程"，在 SQL Server 2012 中的"教学管理"数据库中完成以下操作：当向课程信息 course 表添加一条新课程信息记录时，需要更新教师授课 teacher 表中的信息。例如，当向该 course 表中添加课程时，安排"张三"老师为任课教师，信息如下教师编号为"1008"，教师姓名为"张三"，课程代号为刚才"课程信息"表添加的代号，学时数为"24"，班级为"软件 1 班"，职称为"讲师"。

验证触发器效果，向 course 表中添加一条记录，查询"教师授课"表的更新情况。

实例操作

1. 创建 INSERT 触发器

（1）打开 SQL Server Management Studio 窗口，使用"Windows 身份验证"或"SQL Server 身份验证"建立连接。

（2）选择"文件"→"新建"→"数据库引擎查询"命令，或者单击"新建查询"按钮 新建查询(N)，创建一个查询输入窗口。

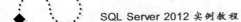

202

（3）在工具栏中单击 master 的下拉列表框，在"可用的数据库"列表中选择"选课管理"数据库。

（4）在查询窗口内输入 SQL 语句，语句格式如下：

```
USE 教学管理
GO
CREATE TRIGGER trig_更新课程
ON course
AFTER INSERT
AS
DECLARE @DH CHAR(10)
SET @DH=(SELECT course_id FROM inserted)
INSERT INTO 教师授课(teacher_id,teacher_name,course_id,period,
class,profession)
VALUES ('1008','张三',@DH,24,'软件班','讲师')
GO
```

（5）单击工具栏上的"执行"按钮 ▮ 执行(X)，执行该 SELECT 查询语句，其操作结果如图 8-11 所示，创建成功"trig_更新课程"触发器。

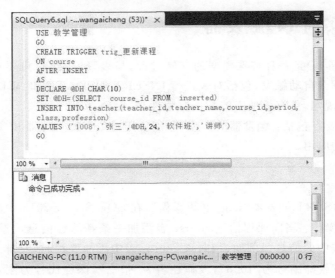

图 8-11 创建"trig_更新课程"触发器效果

2. 验证 INSERT 触发器

（1）使用 INSERT 语句向"课程信息"表中插入一条新记录，验证触发器是否会自动执行。测试语句如下：

```
INSERT INTO course(course_id,course_name,credit)
VALUES ('C021','大学语文',3,'')
```

这里由于触发器保存在 course 表中，因此插入新记录是针对此表进行的。

（2）单击工具栏上的"执行"按钮 ▮ 执行(X)，执行该 SELECT 查询语句，效果如

图 8-12 所示。

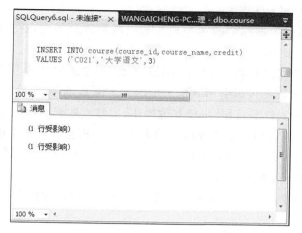

图 8-12　验证 INSERT 触发器效果

（3）在 INSERT 语句的之前之后各添加一条 SELECT 语句。可以看出，当在 course 表中插入新记录后，触发器"trig_更新课程"自动被调用，teacher 表被成功更新。

触发器与存储过程的区别是：不需要用户使用 EXECUTE 语句显式调用执行。 INSERT 触发器是指当对目标表（即触发器的基表）执行 INSERT 语句时，自动调用的触发器。

 知识学习

8.2.1　触发器概述

1. 触发器的概念

触发器是一种特殊类型的存储过程，但是又不像存储过程那样需要调用才能执行，而是在对指定的表中的数据进行增、删、改（INSERT、UPDATE、DELETE）操作时自动触发而执行。触发器与表是紧密联系的，离开了表触发器也将不复存在（这一点与约束十分相似）。

触发器有如下 4 个要素。

（1）名称：触发器有一个符合标识符命名规则的名称。

（2）定义的目标：触发器必须定义在指定的表或者视图上。

（3）触发条件：触发器的触发条件是 UPDATE、INSERT 或 DELETE 语句。

（4）触发逻辑：触发器被触发之后如何处理。

⚠ 小提示

触发器中可以包含复杂的 T-SQL 语句。一个表中可以有多个触发器。触发器和触发它的 SQL 语句被看作一个事务，如果检测到严重错误，则整个事务就自动回滚。因此可以实现强制性的、复杂的业务规则或要求，同时还可以保证数据的一致性。

2. 使用触发器的优点

使用触发器具有如下优点。

（1）触发器可通过数据库中的相关表实现级联更改。不过，通过级联引用完整性约束可以更有效地执行这些更改。

（2）触发器可以强制执行比使用 CHECK 约束定义的约束更为复杂的约束。与 CHECK 约束不同，触发器可以引用其他表中的列。例如，触发器可以使用另一个表中的 SELECT 插入或更新的数据，以及执行其他操作，如修改数据或显示用户定义错误信息。

（3）触发器也可以评估数据修改前后的表状态，并根据其差异采取对策。

（4）一个表中的多个同类触发器（INSERT、UPDATE 或 DELETE）允许采取多个不同的对策，以响应同一个修改语句。

（5）确保数据的规范化。使用触发器可以维护非正规化数据库环境中的记录级数据的完整性。

3. 使用触发器时要注意的问题

（1）约束优先于触发器。约束是在操作执行之前起作用，而触发器则在操作执行之后起作用。

（2）创建触发器时使用 AFTER 或 FOR 关键字，创建的是后触发，即当引起触发器执行的 SQL 语句完成后，并通过了各种约束检查后，才执行触发器的语句。后触发只能建在表上，不能建在视图上。创建触发器时使用 INSTEAD OF 关键字，创建的是替代触发。替代触发的特征是引起触发器执行的 SQL 语句只起到启动触发器的作用，而并没有执行，取而代之的是执行触发器中的语句。替代触发可以建在表上，也可以建在视图上。

（3）触发器可以禁止或回滚违反参照完整性的更改，从而取消所尝试的数据修改。当更改外关键字且新值与主关键字不匹配时，此类触发器就可以发生作用。

（4）如果触发器所在的表上存在约束，则在 INSTEAD OF 触发器执行后，在 AFTER 触发器执行前检查这些约束。如果约束破坏，则回滚 INSTEAD OF 触发器操作并且不执行 AFTER 触发器操作。

4. 触发器中使用的特殊表

执行触发器时，系统会自动创建两个特殊的表：inserted 表和 deleted 表。

（1）inserted 表：用于存放执行 INSERT 或 UPDATE 操作时向触发器所在表中插入的数据行，即新的数据行被同时插入到两个表——触发器所在表和 inserted 表中。

（2）deleted 表：用于存放执行 DELETE 或 UPDATE 操作时从触发器所在表中删除的数据行，即触发器所在表中需要删除的数据将被存放到 deleted 表中。

修改一条记录等于插入一条新记录，同时删除旧记录。当对定义了 UPDATE 触发器的表中记录被修改时，表中原记录移动到 deleted 表中，修改过的记录插入到 inserted 表中。触发器可检查 deleted 表、inserted 表及被修改的表。

deleted、inserted 表的查询方法与数据库表的查询方法相同。

例如，若查询表 deleted、inserted 中的所有记录，可在新建查询窗口中使用下列语句：

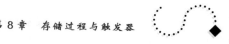
```
SELECT * FROM deleted
SELECT * FROM inserted
```

8.2.2 创建触发器

创建触发器主要有两种方法：使用 T-SQL 语句创建触发器，还可以使用 SQL Server Management Studio 创建触发器。

实际上这两种方法都要通过 T-SQL 语句来创建，因此本节将主要讲解使用 T-SQL 语句创建触发器的操作方法。

1. 使用 T-SQL 语句创建触发器

在 SQL Server 中，使用 T-SQL 语句中 CREATE TRIGGER 命令来创建触发器的语法格式如下：

```
CREATE TRIGGER trigger_name
ON {table|view}
[WITH ENCRYPTION]
{
{{FOR |AFTER|INSTEAD OF} {[INSERT] [,] [UPDATE]}
[WITH APPEND]
[NOT FOR REPLICATION]
AS
[IF UPDATE (column)]
[{{AND|OR} UPDATE (column)]
[,...,n]
|IF (COLUMNS_UPDATED () {bitwise_operator} updated_bitmask)
{compareison_operator} column_bitmask [,...,n]
}]
sql_statement [,...,n]
  }
}
```

其中各参数的说明如下。

（1）trigger_name：用于指定触发器的名字。触发器名必须符合标识符规则，并且在数据库中必须唯一，可以包含触发器所有者名。

（2）table|view：是指在其上执行触发器的表或视图。

（3）WITH ENCRYPTION：加密触发器的定义文本，可以防止将触发器作为 SQL Server 复制的一部分发布。

（4）AFTER：指定触发器只有在 SQL 语句中指定的所有操作都已成功执行后才激发。所有的参照级联操作和约束检查也必须成功完成后，才能执行此触发器。如果仅指定 FOR 关键字，将默认使用 AFTER 选项。注意，不能在视图上定义 AFTER 触发器。

（5）INSTEAD OF：指定在表或视图执行插入、删除或更新操作时，用触发器中的 SQL 语句替代原插入、删除或更新操作中的 SQL 语句。在表或视图上，每条 INSERT、UPDATE、DELETE 语句最多可以定义一个 INSTEAD OF 触发器。但是，可以通过创建多个基于视图的视图来给这些视图创建 INSTEAD OF 触发器。INSTEAD OF 触发器不能在 WITH CHECK OPTION 的可更新视图上定义。如果向指定了 WITH CHECK OPTION 选项的可更新视图添加 INSTEAD OF 触发器，SQL Server 将产生一个错误。用户必须用 ALTER VIEW 删除该选项后才能定义 INSTEAD OF 触发器。

(6) INSERT、UPDATE、DELETE：指定在表或视图上用于激活触发器的操作类型。必须至少指定一个选项。在触发器定义中允许使用以任意顺序组合的这些选项。如果指定的选项多于一个，需用逗号分隔这些选项。对于 INSTEAD OF 触发器，不允许在具有 ON DELETE 级联操作引用关系的表上使用 DELETE 选项。同样，也不允许在具有 ON UPDATE 级联操作引用关系的表上使用 UPDATE 选项。

(7) WITH APPEND：指定应该添加现有类型的其他触发器。

(8) NOT FOR REPLICATION：表示在数据库复制过程中对表的修改不会激活触发器。

(9) IF UPDATE (column)：该函数检测在指定的列上是否进行了 INSERT 或 UPDATE 操作，但不能检测 DELETE 操作。由于 ON 子句中指定了表名，所以在 UPDATE 子句中的列名前不需指定表名。若要检测在多个列上进行的 INSERT 或 UPDATE 操作，请在第一个操作后指定单独的 UPDATE(列名)子句。当指定列进行了插入或更新操作时，UPDATE()将返回 TRUE 值。注意，插入了 NULL 值时也会激活触发器。

(10) COLUMNS_UPDATED()：该函数检测进行了插入或更新操作的列，仅用于 INSERT 或 UPDATE 触发器中。COLUMNS_UPDATED()返回一个 varbinary 类型的二进制值。该值以位模式表明哪些列进行了插入或更新操作，其中最低位(最右边一位)代表第一列，最高位(最左边一位)代表最后一列。相应位的比特值为 1 时表示该列进行了插入或更新操作。在 INSERT 操作中 COLUMN_UPDATED()将对所有列返回 TRUE 值，因为这些列插入了显式值或隐性值(NULL)。

(11) bitwise_operator：位操作符。用于对 COLUMNS_UPDATED()返回的值进行位运算。位操作符包括按位与(&)、按位或(|)、按位非(～)和按位异或(^)。

(12) updated_bitmask：更新位标志，是整型位掩码。用于和 COLUMNS_UPDATED()返回的值进行位运算，以求得相应列的插入或更新情况。

(13) compareison_operator：比较运算符。

(14) column_bitmask：列的位标志。是要检查的列的整型位掩码，通过与前面的位运算比较来检查是否已插入或更新了指定列。

(15) n：表示触发器中可以包含多条 T-SQL 语句。

 小提示

触发器中可以包含许多类型的 T-SQL 语句，但是以下这些 T-SQL 语句不能包含在触发器中：

(1) 所有的 CREATE 语句：CREATE DATABASE、CREATE TABLE、CREATE INDEX 等。

(2) 所有的 DROP 语句：DROP RULE、DROP DEFAULT、DROP VIEW 等。

（3）所有的 DISK 语句。

（4）数据库及表的修改语句：ALTER DATABASE 和 ALTER TABLE。

（5）清空表 TRUNCATE TABLE 语句。

（6）GRANT 和 REVOKE。

（7）UPDATE STATISTICS。

（8）RECONFIGURE。

（9）LOAD、RESTORE DATABASE 和 LOG。

（10）SELECT INTO。

相关案例 5

当读者借阅图书时，要插入一条新的借阅记录，如果该图书的借阅数量大于图书库存数量，则不能实现借阅（即不能实现插入操作），并给出提示信息，如图 8-13 所示。通过触发器就可以完成此功能。

（1）在 SQL Server Management Studio 中单击"新建查询"按钮。

（2）在弹出的窗口中，输入以下语句：

```
USE 图书管理
GO
CREATE TRIGGER check_book_number1 ON dbo.borrow
FOR INSERT
AS
DECLARE @id int,@s_num int,@b_num int
SELECT @id=book_id,@b_num=borrow_number FROM inserted
SELECT @s_num=book_number from book where book_id=@id
IF @b_num>@s_num
    BEGIN
        RAISERROR('借阅量超过库存量,不能借阅!',7,1)
        ROLLBACK TRANSACTION
    END
GO
```

（3）单击常用工具栏中的"执行"按钮或按 F5 键，即可完成触发器的创建，如图 8-13 所示。

相关案例 6

在 borrow 表上创建替代触发的插入触发器。当该图书的借阅数量大于图书库存数量，则不能实现借阅（即不能实现插入操作），并给出提示信息，如图 8-14 所示。

在 SQL Server Management Studio 中单击"新建查询"按钮。在弹出的窗口中输入以下语句，然后单击常用工具栏中的"执行"按钮或按 F5 键，即可完成触发器的创建。

```
USE 图书管理
GO
CREATE TRIGGER check_book_number2 ON dbo.borrow
```

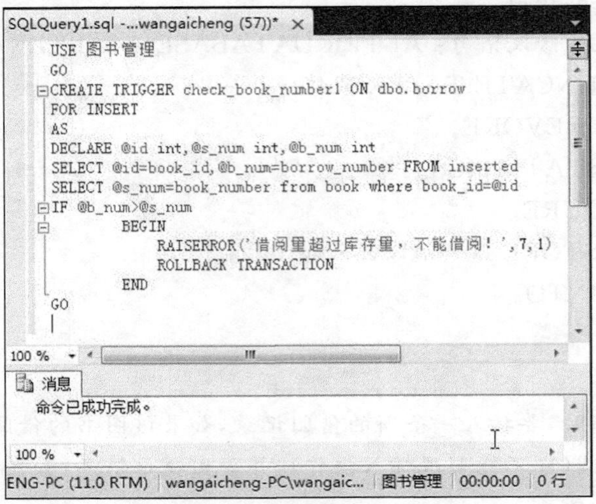

图 8-13　相关案例 5 创建触发器

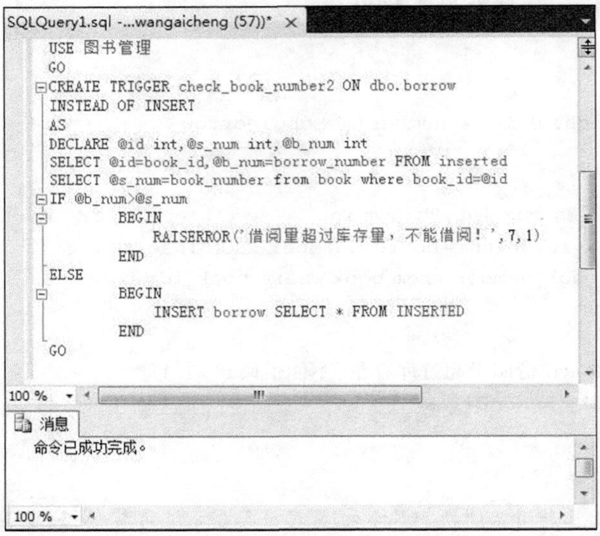

图 8-14　相关案例 6 创建触发器

```
INSTEAD OF INSERT
AS
DECLARE @id int,@s_num int,@b_num int
SELECT @id=book_id,@b_num=borrow_number FROM inserted
SELECT @s_num=book_number from book where book_id=@id
IF @b_num>@s_num
    BEGIN
        RAISERROR('借阅量超过库存量,不能借阅!',7,1)
    END
ELSE
    BEGIN
```

```
        INSERT borrow SELECT * FROM INSERTED
    END
GO
```

 小提示

（1）相关案例 1 和相关案例 2 中创建的触发器在功能上是一样的，不同的是一个是后触发，另一个是替代触发。两个触发器的区别主要是在事务回滚和数据插入的处理上。

（2）RAISERROR 参数是返回用户定义的错误信息并设置系统标志，记录发生错误。通过使用 RAISERROR 语句，客户端可以从 sysmessages 表中检索条目，或者使用用户指定一条消息。这条消息在定义后就作为服务器错误信息返回给客户端。

（3）ROLLBACK TRANSACTION 将显性事务或隐性事务回滚到事务的起点或事务内的某个保存点。

相关案例 7

在 book 表上创建一个 UPDATE 后触发器。当用户修改图书编号时，给出提示信息，并不能进行修改。

在 SQL Server Management Studio 中单击"新建查询"按钮。在弹出的窗口中输入以下语句，然后单击常用工具栏中的"执行"按钮或按 F5 键，即可完成触发器的创建，如图 8-15 所示。

```
USE student
GO
CREATE TRIGGER update_book_id ON dbo.book
AFTER UPDATE
AS
IF UPDATE(book_id)
    BEGIN
        RAISERROR('图书编号不能进行修改!',7,2)
        ROLLBACK TRANSACTION
    END
GO
```

相关案例 8

在 book 表上创建一个 DELETE 触发器。防止用户在删除一条图书记录时，由于没有使用限制条件而导致删除全部图书信息的情况发生。

在 SQL Server Management Studio 中单击"新建查询"按钮。在弹出的窗口中输入以下语句，然后单击常用工具栏中的"执行"按钮或按 F5 键，即可完成触发器的创建，如图 8-16 所示。

```
USE 图书管理
GO
CREATE TRIGGER book_trg ON dbo.book
FOR DELETE
```

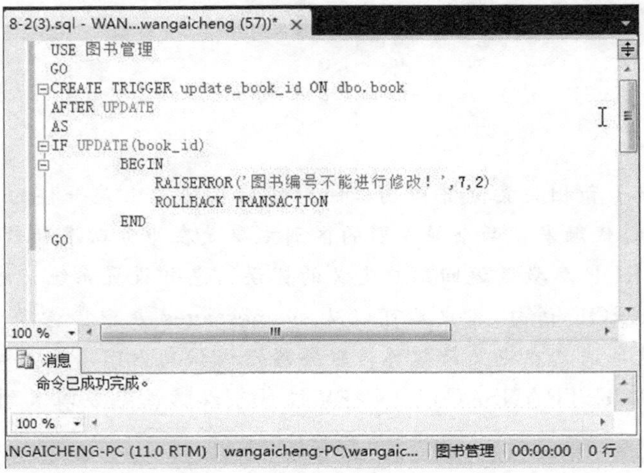

图 8-15　相关案例 7 创建触发器

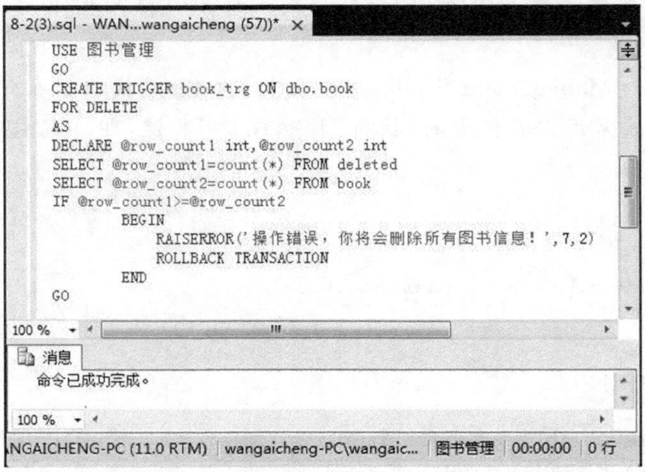

图 8-16　相关案例 8 创建触发器

```
AS
DECLARE @row_count1 int,@row_count2 int
SELECT @row_count1=count(*) FROM deleted
SELECT @row_count2=count(*) FROM book
IF @row_count1>=@row_count2
    BEGIN
        RAISERROR('操作错误,你将会删除所有图书信息!',7,2)
        ROLLBACK TRANSACTION
    END
GO
```

2. 使用 SQL Server Management Studio 创建触发器

在 SQL Server 2008 中,还可以使用 SQL Server Management Studio 创建触发器,具

体的操作步骤如下：

（1）在 SQL Server Management Studio 中展开需要创建触发器的数据库 student。

（2）展开"表"，展开要创建触发器的表 book，选择"触发器"对象，右击，在弹出的快捷菜单中选择"新建触发器"命令。

（3）在弹出的窗口中输入相应的 T-SQL 语句，同样可以完成触发器的创建。

8.2.3 修改触发器

1. 使用 T-SQL 语句创建触发器

在 SQL Server 中，修改存储过程同样可以使用 T-SQL 语句来实现。使用 T-SQL 语句的 ALTER PROCEDURE 命令修改存储过程的语法格式如下：

```
ALTER TRIGGER trigger_name
ON {table|view}
[WITH ENCRYPTION]
{
{{FOR |AFTER|INSTEAD OF} {[INSERT] [,] [UPDATE][,][DELETE]}}
[NOT FOR REPLICATION]
AS
[IF UPDATE (column)
[{AND|OR} UPDATE (column)]
[,...,n]
|IF (COLUMNS_UPDATED () {bitwise_operator} updated_bitmask)
{compareison_operator} column_bitmask [,...,n]
}]
sql_statement [,...,n]
} }
```

其中各参数的说明与 CREATE TRIGGER 中的参数相同。

相关案例 9

修改相关案例 6 创建的触发器，将其设置为加密。

在 SQL Server Management Studio 中单击"新建查询"按钮。在弹出的窗口中输入以下语句，然后单击常用工具栏中的"执行"按钮或按 F5 键，即可完成触发器的修改。

```
USE student
GO
ALTER TRIGGER check_book_number2 ON dbo.borrow
WITH ENCRYPTION
INSTEAD OF INSERT
AS
DECLARE @id int,@s_num int,@b_num int
SELECT @id=book_id,@b_num=borrow_number FROM inserted
SELECT @s_num=book_number from book where book_id=@id
IF @b_num>@s_num
    BEGIN
        RAISERROR('借阅量超过库存量,不能借阅!',7,1)
```

```
        END
ELSE
    BEGIN
        INSERT borrow SELECT * FROM INSERTED
    END
GO
```

2. 使用 SQL Server Management Studio 创建触发器

在 SQL Server 2012 中，还可以使用 SQL Server Management Studio 修改触发器，具体的操作步骤如下：

(1) 在 SQL Server Management Studio 中展开相应的数据库 student。

(2) 展开"表"→borrow→"触发器"，在要修改的触发器上右击，在弹出的快捷菜单中选择"修改"命令。

(3) 在弹出的窗口中输入相应的 T-SQL 语句，同样可以完成触发器的修改。

8.2.4 禁用或启用触发器

默认情况下，创建触发器后就会启用触发器。禁用触发器不会删除该触发器，该触发器仍然作为对象存在于当前数据库中。但是，当执行编写触发器程序所用的任何 T-SQL 语句时，不会激发触发器。可以使用 ENABLE TRIGGER 重新启用触发器，还可以通过使用 ALTER TABLE 来禁用或启用为表所定义的触发器。

使用 ALTER TABLE 的 DISABLE TRIGGER 选项来禁用触发器，以使正常情况下会违反触发器条件的插入、删除或修改操作得以执行。然后可以使用 ENABLE TRIGGER 重新启用触发器。

使用 ALTER TABLE 命令禁用或启用触发器的语法格式如下：

```
ALTER TABLE table_name
{ [ ALTER COLUMN column_name
{ new_data_type [ ( precision [ , scale ] ) ]
[ COLLATE <collation_name >]
[ NULL | NOT NULL ]
| {ADD | DROP } ROWGUIDCOL }]
| ADD { [ <column_definition >]
| column_name WITH computed_column_expression
} [ ,...,n ]
| [ WITH CHECK | WITH NOCHECK ] ADD
{ <table_constraint >} [ ,...,n ]
| DROP{ [ CONSTRAINT ] constraint_name
| COLUMN column } [ ,...,n ]
| { CHECK | NOCHECK } CONSTRAINT
{ ALL | constraint_name [ ,...,n ] }
| { ENABLE | DISABLE } TRIGGER
{ ALL | trigger_name [ ,...,n ] } }
```

其中参数说明如下。

(1) {ENABLE | DISABLE} TRIGGER：指定启用或禁用 trigger_name。当一个触

发器被禁用时，它对表的定义依然存在；然而，当在表上执行 INSERT、UPDATE 或 DELETE 语句时，触发器中的操作将不执行，除非重新启用该触发器。

（2）ALL：指定启用或禁用表中所有的触发器。

（3）trigger_name：指定要启用或禁用的触发器名称。

相关案例 10

禁用 book 表的触发器 book_trg。

在 SQL Server Management Studio 中单击"新建查询"按钮。在弹出的窗口中输入以下语句，然后单击常用工具栏中的"执行"按钮或按 F5 键，即可实现禁用触发器。

```
USE 图书管理
GO
ALTER TABLE book DISABLE TRIGGER book_trg
GO
```

相关案例 11

禁用 borrow 表的所有触发器。

在 SQL Server Management Studio 中单击"新建查询"按钮。在弹出的窗口中输入以下语句，然后单击常用工具栏中的"执行"按钮或按 F5 键，即可实现禁用触发器。

```
USE 图书管理
GO
ALTER TABLE borrow DISABLE TRIGGER ALL
GO
```

相关案例 12

重新启用 borrow 表的所有触发器。

在 SQL Server Management Studio 中单击"新建查询"按钮。在弹出的窗口中输入以下语句，然后单击常用工具栏中的"执行"按钮或按 F5 键，即可实现重新启用触发器。

```
USE 图书管理
GO
ALTER TABLE borrow ENABLE TRIGGER ALL
GO
```

8.2.5　删除触发器

删除触发器有两种方法：使用对象资源管理器删除触发器，同样可以使用 T-SQL 语句删除触发器。

1. 使用对象资源管理器删除触发器

使用对象资源管理器删除触发器的操作步骤如下。

（1）进入对象资源管理器，展开删除触发器的表所属的数据库"图书管理"。

（2）展开"表"→borrow→"触发器"，在要删除的触发器上右击，在弹出的快捷菜单中选择"删除"命令。

（3）在"删除对象"窗口中单击"确定"按钮，即可删除触发器。

2. 使用 T-SQL 语句删除触发器

使用 T-SQL 语句中的 DROP TRIGGER 命令删除触发器的语法格式如下：

```
DROP TRIGGER {trigger} [,...,n]
```

其中各参数说明如下。

（1）trigger：指要删除的触发器的名称。

（2）n：表示可以指定多个触发器。

 相关案例 13

删除触发器 book_trg。

在 SQL Server Management Studio 中单击"新建查询"按钮。在弹出的窗口中输入以下语句，然后单击常用工具栏中的"执行"按钮或按 F5 键，即可完成触发器的删除。

```
DROP TRIGGER book_trg
GO
```

实训 8

1. 目的与要求

（1）掌握存储过程创建、执行、修改和删除的方法。

（2）掌握触发器创建、修改和删除的方法。

2. 实训准备

（1）了解存储过程的基本概念和类型。

（2）掌握创建存储过程的基本 SQL 语法。

（3）了解触发器的基本概念。

（4）了解创建触发器的基本 SQL 语法。

3. 实训内容

（1）创建一个带有输入参数的基于插入操作的存储过程，用于在图书信息表 book 中插入一条新的图书信息，图书信息由变量形式给出。

（2）创建一个带有输入参数和输出参数的存储过程，输入参数用于指定查询的图书编号信息，输出参数用于保存指定图书编号的图书名称、图书编号、作者、出版社和 ISBN 编号的信息。

（3）创建一个带有输入参数的基于更新操作的存储过程，用于在图书信息表 book 中为指定图书名称的库存量小于 20 的图书都提高库存量到 25，图书名称由输入参数指定。

（4）创建一个 UPDATE 触发器，当更新图书信息表 book 中 book_id 列时，激活触发器以同步级联 borrow 表中的相关 book_id。

（5）创建一个 DELETE 触发器，当删除图书信息表 book 中的某条图书信息时，激活触发器以级联删除 borrow 表中该图书的相关借阅信息。

（6）创建一个 INSERT 触发器，当在读者信息表 reader 中插入一条新读者信息时，激活触发器以提示插入成功。

习题 8

1. 什么是存储过程？存储过程的作用是什么？

2. 什么是触发器？触发器的组成要素有哪些？

3. 简述创建查询指定"图书名称"的存储过程。

4. 简述创建更新指定图书"价格"的存储过程。

5. 创建触发器，更改"出版社信息"表中指定"出版社名称"的"出版社代号"时，将从中获得更改后的"出版社代号"，并以更改前的出版社代号为条件，更新"图书信息"表中的出版社的代号。

第 **9** 章

数据库安全性与备份还原

◇ **技能要求**

1. 掌握安全机制、服务器安全性管理、数据库的安全性管理以及管理权限；
2. 掌握使用对象资源管理器和 T-SQL 语句创建备份设备、备份数据库；
3. 掌握使用对象资源管理器和 T-SQL 语句还原备份设备、数据库的方法。

9.1 【实例 15】SQL Server 2012 中的安全性管理

数据库系统中存储了大量数据，数据被许多用户共享访问，保证数据库数据的安全性非常重要。数据库的安全性管理是指为数据库系统建立必要的安全保护措施，以保护数据库系统软件和其中的数据不因偶然或恶意的原因而遭到破坏、更改和泄露。

数据库的安全性问题一直是数据库管理员最为关心的核心问题之一，保护数据库中的数据也是数据库管理员日常的重要工作。与其他数据库系统的安全需求相似，SQL Server 的安全需求可以总结为完整性、保密性和可用性三个方面。

◎ **实例说明**

用户登录到 SQL Server 服务器时，必须输入有效的用户名和密码，然后系统对其进行身份验证，验证的方法有两种：Windows 身份验证模式和混合验证模式。

本实例将以创建 Windows 登录账户 test_user 账户为例。讲解创建 Windows 登录账户的步骤及方法。

📚 **实例操作**

操作步骤如下。

1. 创建用户账户

（1）打开系统的"控制面板"→"系统安全"→"管理工具"，在"管理工具"窗口中双击"计算机管理"图标，打开"计算机管理"窗口，如图 9-1 所示。

（2）在左侧树形列表中单击"系统工具"前面的加号，再单击"本地用户和组"前面的

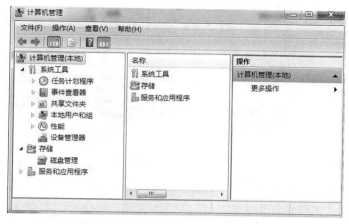

图 9-1 "计算机管理"窗口

加号,选择"用户"后可以看见 Windows 现有账户,如图 9-2 所示。

图 9-2 Windows 现有账户

（3）右击"用户"选项,在弹出的快捷菜单中选择"新用户"命令,打开"新用户"窗口。在"用户名"文本框中输入 test_user,在"密码"和"确认密码"文本框中输入 123456,选择"密码永不过期"复选框,最后单击"创建"按钮,即可创建 test_user 账户,如图 9-3 所示。

（4）新用户创建成功后,可以在"计算机管理"窗口的用户列表中查看到,如图 9-4 所示。

2. 映射账号 SQL Server 登录

创建完 Windows 登录账户 testuser 之

图 9-3 新建用户

图 9-4　查看"计算机管理"用户

后就可以创建要映射到这个账户的 Windows 登录，具体步骤如下。

（1）打开 SQL Server Management Studio，在左侧树形列表中单击"安全性"前面的加号，再单击"登录名"前面的加号，如图 9-5 所示。

图 9-5　选择"新建登录名"命令

（2）右击"登录名"选项，在弹出的快捷菜单中选择"新建登录名"命令，打开"登录名-新建"窗口，如图 9-6 所示。

（3）单击"搜索"按钮，在弹出的"选择用户或组"对话框中输入 test_user，单击"检查名称"按钮，如图 9-7 所示，单击"确定"按钮。

（4）选择"Windows 身份验证"模式，默认数据库选择"教学管理"，如图 9-8 所示。

（5）单击"确定"按钮完成创建。

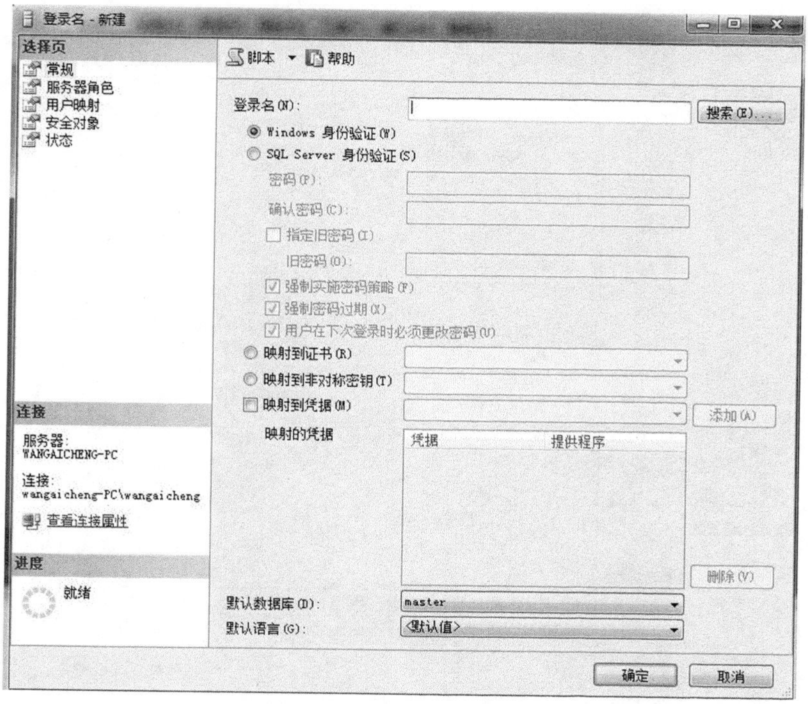

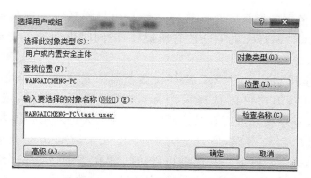

图 9-6 "登录名-新建"窗口

图 9-7 "选择用户或组"对话框

知识学习

9.1.1 SQL Server 的安全性概述

1. SQL Server 2012 的安全体系结构

为了更好地保护数据,SQL Server 的安全机制分为 4 个级别。

(1)第一层安全机制是访问操作系统的安全性——Windows 服务器的登录安全性。当用户要访问 SQL Server 时,必须先登录到 Windows 服务器上,在登录时用户输入合法的用户名和密码,并由 Windows 操作系统进行验证,成功后才能继续其他操作,否则将被

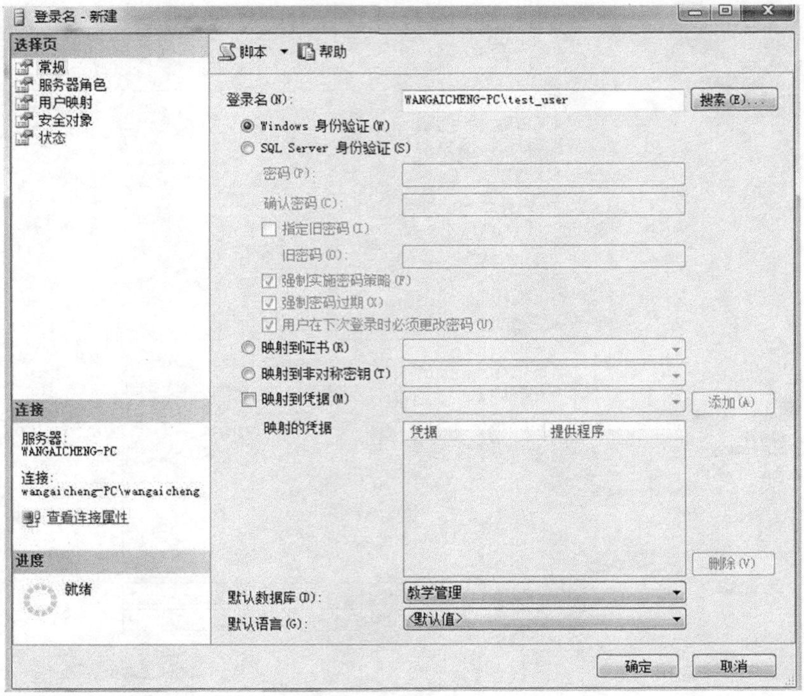

图 9-8　选择数据库

拒绝。Windows 服务器的登录安全性管理一般是由操作系统管理员或网络管理员进行管理的,所以尽管 SQL Server 的安全性有所提高,但同时也增加了管理数据库系统安全性和灵活性的难度。

(2)第二层安全机制是访问 SQL Server 服务器的安全性——SQL Server 的登录安全性。在这个层次中,用户可以选择采用标准 SQL Server 登录,或采用映射到 SQL Server 的 Windows 登录模式进行登录这两种方式。但无论采用哪种方式,用户在登录时必须提供有效的用户名和密码,它决定了用户在登录后的访问权限,也就是在 SQL Server 登录成功后,并不意味着用户已经可以访问 SQL Server 上的全部数据库。

(3)第三层安全机制的是连接数据库的安全性——数据库的访问安全性。在这个安全层次中,系统通过安全权限的设置,使登录到 SQL Server 中的用户只与一个特定的数据库相连接,这个数据库就是登录时用户指定的默认数据库。一般情况下,用户的操作仅限于这个数据库,如果想访问其他用户建立的数据库,则必须拥有相应的访问权限或新的登录名称。但是有几个系统提供的数据库例外,如 master 数据库就允许所有用户访问,但是由于 master 数据库中存储了大量的系统信息,因此数据库管理员会对其做一些特殊的访问上的权限限制。

(4)第四层安全机制的是访问数据库中数据的安全性——数据库中数据对象的访问安全性。数据库中的数据对象一般只允许数据库的拥有者有权访问,如果其他用户需要访问这些对象,则必须由数据库的拥有者对对象设置相应权限后,才可以访问。

2. SQL Server 的验证模式

用户登录到 SQL Server 服务器时，必须输入有效的用户名和密码，然后系统对其进行身份验证，验证的方法有以下两种。

（1）Windows 身份验证模式

如果使用 Windows 身份验证模式，只允许用户通过使用 Windows 系统的用户账户对数据库进行连接。Windows 身份验证模式最适用于只在一定范围内（比如一个部门或一个公司）对数据库进行访问的情况。

登录到 Windows 系统后，当用户对 SQL Server 进行连接时，系统将 Windows 的组和用户账号传送给 SQL Server，然后在系统表 syslogins 的 SQL Server 用户清单中查找是否有该用户的 Windows 用户账号或者组账号，如果有，则接受这次身份验证连接。由于 Windows 系统已经验证用户的口令是否有效，因此 SQL Server 就不再重新验证口令。

采用 Windows 身份验证模式主要有以下几个优点：

① 数据库管理员的工作只集中在对数据库的管理上，而把烦琐的用户账户管理交给 Windows 系统去完成。

② 提供了更多的基于安全的功能，比如安全确认和口令加密、审核、口令失效、最小口令长度和账号锁定等。

③ 使用户可以快速访问 SQL Server 系统，而不必使用另一个登录账号和口令。

④ Windows 的组策略支持多个用户同时被授权访问 SQL Server。

（2）混合验证模式

使用混合验证模式时，用户可以使用 Windows 身份验证或者使用 SQL Server 身份验证与 SQL Server 连接。混合模式最适合用于外界用户访问数据库或是在不能登录到 Windows 域时对数据库进行访问的情况。

在混合验证模式下，用户使用哪个模式取决于最初的通信时使用的网络环境。如果用户使用的是 TCP/IP 套接字，则将使用 SQL Server 验证模式；如果用户使用命名管理方式，则登录时将采用 Windows 验证模式。

SQL Server 验证模式的处理步骤如下：当用户输入用户名和密码后，SQL Server 在系统注册表中检测输入的用户名和密码是否存在，如果存在且密码正确，则用户可以登录到 SQL Server 服务器上；否则，本次身份验证失败，系统拒绝该用户的连接。

采用混合验证模式的优点如下：

① 既支持 Windows 的用户验证模式，又支持 SQL Server 的用户验证模式。

② 支持更大范围的用户。

③ 使用 SQL Server 验证模式时，可以使用双重验证模式（Windows 用户验证和 SQL Server 用户验证）。

④ 为应用程序开发人员和数据库管理人员提供了更多的选择方式。

（3）验证模式的设置

在 SQL Server 初始安装或使用 SQL Server 连接其他服务器时，用户需要指定验证模式。对于已经指定验证模式的 SQL Server 服务器，可以通过下面的方法进行更改。

① 打开 SQL Server Management Studio，右击服务器名，在弹出的快捷菜单中选择

"属性"命令。

　　② 在左侧列表中选择"安全性"选项,可以看到供选择的模式有两种："Windows 身份验证模式"和"SQL Server 和 Windows 身份验证模式"。选择"Windows 身份验证模式"时会启用 Windows 身份验证并禁用 SQL Server 身份验证。选择"SQL Server 和 Windows 身份验证模式"即混合模式时,同时启用 SQL Server 身份验证和 Windows 身份验证,如图 9-9 所示。

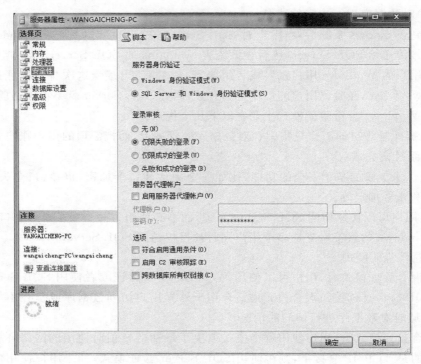

图 9-9　"服务器属性"对话框

　　③ 如果在安装过程中选择 Windows 身份验证模式,则安装程序会为 SQL Server 身份验证中创建 sa 账户,但会禁用该账户。如果需要更改为混合模式身份验证并使用 sa 账户,则在图 9-9 中选择"SQL Server 和 Windows 身份验证模式"单选钮,单击"确定"按钮即可。启用了混合模式身份验证后,sa 账户是禁用状态,需要启用 sa 账户才能登录 SQL Server 服务器。

　　④ 启用 sa 账户方法：回到 SQL Server 2012 的"对象资源管理器",展开"安全性",再展开"登录名"就可以看见登录名 sa,右击 sa,在弹出的快捷菜单中选择"属性"命令,在左侧列表中选择"状态"选项,在右面的"登录"选项组中选择"已启用"单选按钮,如图 9-10 所示,单击"确定"按钮,就可以使用 sa 账户登录了(当修改完验证模式后,必须重新启动 SQL Server 服务后,新的设置才能生效)。

9.1.2　服务器的安全性管理

　　在 SQL Server 中,账户分为两类：一类是登录服务器的登录账户,另一类是使用数

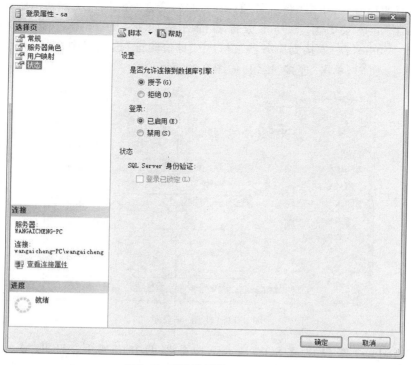

图 9-10　"登录属性-sa"对话框

据库的用户账户。这两类账户概念完全不同,登录账户的功能只是负责连接 SQL Server 服务器。一个合法的登录账户不能对数据库数据和数据对象进行操作,如果想要访问服务器中的数据库,还需要使用数据库用户进行数据库的访问安全性验证。

1. 服务器登录账户

用户使用 SQL Server 时,首先要登录到 Windows 服务器上,然后才能连接 SQL Server 服务器。登录 Windows 服务器时需要 Windows 登录账户,新的 Windows 登录账户创建好后,就可以使用该账户登录到 Windows 服务器。登录 Windows 服务器后如要访问 SQL Server 服务器还需要通过 SQL Server 登录账户与 SQL Server 服务器建立连接。

安装 SQL Server 2012 时如果在身份验证模式中选择了混合模式,则系统默认创建了两个登录账户:sa 和 Windows 登录账户。

(1) sa 账户是一个默认的 SQL Server 登录名,拥有操作 SQL Server 系统的所有权限,其不能被删除,一般在混合验证模式的 SQL Server 验证模式中使用。

(2)"Windows 登录账户"是与 Windows 中的 Administrators 用户组相关联的,凡是属于这个组中的用户都允许登录到 SQL Server 上,这个账户可以被删除,其一般应用于 Windows 身份验证模式。关于 Windows 登录账户的创建方法已经在【实例 15】中介绍过了,在此不用赘述。

打开 SQL Server 2012 的 SQL Server Management Studio,在左侧树形列表中单击

"安全性"前面的加号，再单击"登录名"前面的加号，会在"登录名"下方列出所有账户。

使用 sa 账户登录 SQL Server 服务器的方法如下：打开 Microsoft SQL Server Management Studio，在"连接到服务器"窗口中"身份验证"选项组中选择 SQL Server 身份验证，输入 sa 密码，单击"连接"按钮，如图 9-11 所示。

图 9-11　使用 sa 登录

使用 Windows 账户登录 SQL Server 服务器的方法如下：打开 Microsoft SQL Server Management Studio，在"连接到服务器"窗口中"身份验证"选项组中选择 Windows 身份验证，单击"连接"按钮，如图 9-12 所示。

图 9-12　使用 Windows 登录

右击登录账户，在弹出的快捷菜单中选择"属性"命令，或双击登录账户均可打开"登录属性"对话框，在这个对话框中可以查看登录账户属性，可以修改密码，还可以修改默认数据库和默认语言。

在"登录属性"对话框中单击左侧树形列表中的"服务器角色"选项，切换到"服务器角色"界面，可以为登录账户设置服务器角色。

2. 服务器角色

一般角色分为服务器角色和数据库角色,其中服务器角色也称为固定服务器角色,服务器级角色的权限作用域为服务器范围。固定服务器角色已经具备了执行指定操作的权限,将登录账户作为成员添加到固定服务器角色中后,登录账户就可以继承固定服务器角色的权限。在 SQL Server 2012 中定义了 9 个固定服务器角色,表 9-1 中列出了角色名称及描述。系统默认的两个登录账户 sa 和 Windows 登录账户被自动设置为 public 和 sysadmin 服务器角色。

表 9-1 固定的服务器角色的名称和描述

固定服务器角色	描 述
bulkadmin	批量数据输入管理员角色:拥有管理批量输入大量数据操作的权限
dbcreator	数据库创建角色:拥有数据库创建、更改、删除的权限
diskadmin	磁盘管理员角色:拥有管理磁盘文件的权限
processadmin	进程管理员角色:拥有管理 SQL Server 系统进程的权限
public	公共数据库连接角色:默认所有用户都拥有该角色,即可以连接到数据库服务器权限
Securityadmin	安全管理员角色:拥有管理和审核 SQL Server 系统登录的权限
Serveradmin	服务器管理员角色:拥有 SQL Server 服务器端的配置权限
Setupadmin	安装管理员角色:拥有增加、删除链接服务器、建立数据库复制以及管理扩展存储过程的权限
sysadmin	系统管理员角色:拥有 SQL Server 系统所有权限

在"登录属性"对话框中单击左侧树形列表中的"用户映射"选项,切换到"用户映射"界面,可以为登录账户选择能访问的数据库。

3. SQL Server 登录账户

虽然 SQL Server 已经内置了两个登录账户,但由于其权限过大,一般由系统管理员保管。系统管理员要为普通用户创建新的登录账户,并设置好相应的权限,以方便用户使用。下面通过实例讲解创建登录账户的步骤及方法。

(1) 打开 SQL Server Management Studio,在左侧树形列表中单击"安全性"前面的加号,右击"登录名",在弹出的快捷菜单中选择"新建登录名"命令,即可打开"登录名-新建"对话框,在"登录名"文本框中输入 user1,选择"SQL Server 身份验证"模式,输入密码 123456,再输入确认密码,选中"强制实施密码策略"和"强制密码过期"复选框,取消选中"用户在下次登录时必须更改密码"复选框,默认数据库为 master,如图 9-13 所示。单击"确定"按钮,添加 user1 账户成功。

(2) 为了测试新创建的登录账户是否成功,用 user1 登录 SQL Server 服务器进行测试。在"连接到服务器"窗口中选择"SQL Server 身份验证",输入登录名 user1,密码 "123456",单击"连接"按钮,即可连接到 SQL Server 服务器。由于默认数据库为 master,因此访问其他数据库时提示没有访问权限,如图 9-14 所示。

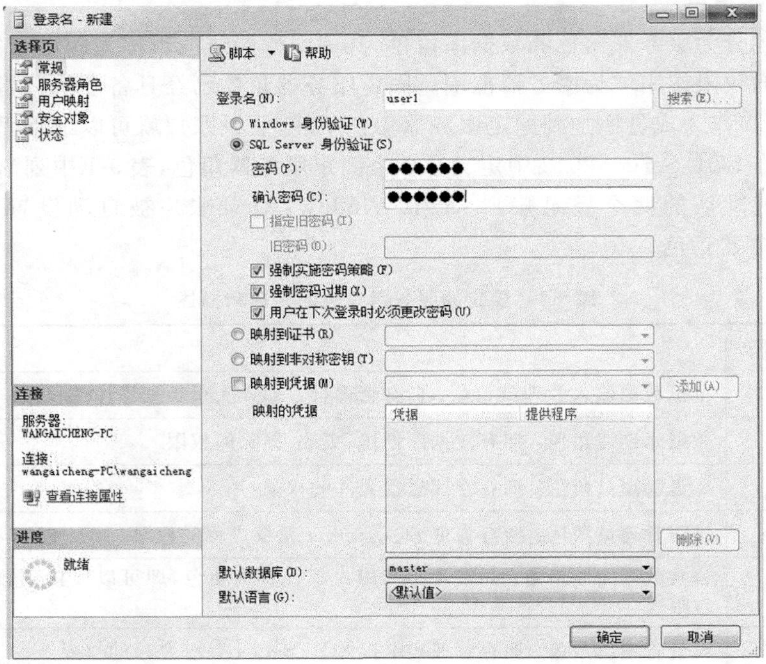

图 9-13　"登录名-新建"窗口

图 9-14　测试新创建的登录 user1 账户

4. SQL Server 拒绝登录账户

虽然 Windows 账户可以使用"Windows 身份验证"模式登录 SQL Server 服务器,但有时数据库管理员因为某种原因需要拒绝某个账户的登录,这就需要进行拒绝登录账户设置。设置拒绝登录账户的步骤及方法如下。

(1) 打开 SQL Server Management Studio,以 sa 身份登录 SQL Server 服务器,在左侧树形列表中单击"安全性"前面的加号,再单击"登录名"前面的加号,右击 user1 账户,在弹出的快捷菜单中选择"属性"命令,打开"登录属性-user1"窗口。

（2）选择左侧树形列表中的"状态"选项，切换到"状态"窗口。在"登录"选项处选择"禁用"，单击"确定"按钮，则拒绝该账户登录。

（3）单击"确定"按钮，再尝试以 user1 账户身份登录到 SQL Server 服务器后，会出现登录失败提示。

5. 删除账户

为了保证数据库安全，数据库管理员必须及时将停用账户进行删除。删除账户方法很简单，下面通过实例讲解删除账户方法及步骤。

（1）打开 SQL Server Management Studio，以 sa 身份登录 SQL Server 服务器，在左侧树形列表中单击"安全性"前面的加号，再单击"登录名"前面的加号。

（2）右击登录账户 user1，在弹出的快捷菜单中选择"删除"命令，打开"删除对象"对话框，单击"确定"按钮会弹出提示消息框。

（3）再次单击"确定"按钮，完成对登录账户的删除操作。

9.1.3 数据库的安全性管理

通过创建服务器登录账户，创建好的服务器登录账户只能连接 SQL Server 服务器，还不能访问具体的数据库。要想使服务器登录账户能够访问具体的数据库数据，还需要管理员为该账户在数据库中建立一个数据库用户账户作为访问该数据库的 ID，这个过程就是将服务器登录账户映射到每个需要访问的数据库中，只有这样才能够访问数据库。

1. 数据库用户的添加

创建数据库用户账户并为用户授予访问数据库的权限。具体步骤如下。

（1）打开 SQL Server Management Studio，在左侧树形列表中单击"数据库"前面的加号，再单击数据库"教学管理"前面的加号，再单击"安全性"前面的加号，再单击"用户"选项，即可看见数据库的用户列表。

（2）右击"用户"，在弹出的快捷菜单中选择"新建用户"命令，打开"数据库用户-新建"窗口，单击"登录名"后的按钮，打开"选择登录名"窗口，输入 user1 后，单击"检查名称"按钮，如图 9-15 所示，单击"确定"按钮。

图 9-15 "选择登录名"窗口

228 　（3）在用户名文本框中输入 ID，架构 dbo，设置数据库角色 db_owner，如图 9-16 所示。

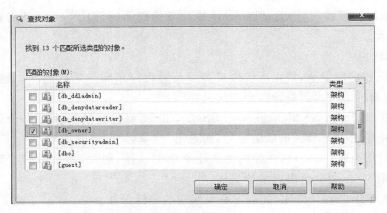

图 9-16　设置数据库角色 db_owner

（4）单击"确定"按钮，完成数据用户的创建。

（5）以 test_user 账户登录到 Windows 服务器，再以 user1 登录到 SQL Server 服务器，就可以访问数据库"教学管理"中的所有数据，测试成功。

2. 数据库用户的修改

可以通过属性窗口修改数据库用户的属性，具体操作步骤如下：右击 ID，在弹出的快捷菜单中选择"属性"命令，打开"数据库用户-ID"对话框。

在属性窗口中"用户名"和"登录名"不能修改，只能更改"拥有的架构"和"数据库角色成员身份"，更改完成后单击"确定"按钮即可。

3. 数据库用户的删除

删除数据库用户的步骤如下。

（1）打开 SQL Server Management Studio，以 sa 身份登录 SQL Server 服务器，在左侧树形列表中单击"数据库"前面的加号，选择"教学管理"数据库，单击其"安全性"前面的加号，选择其"用户"列表。

（2）右击数据库用户 ID，在弹出的快捷菜单中选择"删除"命令，打开"删除对象"对话框。

（3）单击"确定"按钮，完成对数据库用户 ID 的删除操作。

9.1.4　数据库角色

SQL Server 中包括两种数据库角色：固定数据库角色和用户自定义角色。固定数据库角色是在数据库级别定义的，它存在于每个数据库中，用户不能增加、修改或删除固定数据库角色。用户自定义角色是固定数据库角色的补充，它方便用户根据选择权限的不同自定义创建新的数据库角色。在数据库角色中添加用户可以使用户获得相关的管理或访问数据库以及数据库对象的权限。

每创建一个数据库，系统都默认创建了 10 个固定数据库角色，如表 9-2 所示。由于固定数据库角色不能被修改,因此不可能满足所有设置权限的需求,需要管理员创建一个自定义数据库角色来弥补不足。新创建的自定义数据库角色,需要先指派权限,然后再将用户添加到该自定义数据库角色中。这样,用户即可拥有新角色中的所有权限。

表 9-2　固定的数据库角色的名称和描述

固定数据库角色	描　　述
db_owner	此角色的用户可以在数据库中执行任何操作
db_accessadmin	此角色的用户可添加或删除访问数据库的用户
db_securityadmin	此角色的用户可以修改角色成员身份和管理权限
db_ddladmin	此角色的用户可以在数据中运行任何数据定义语言 DDL 命令。此角色允许它们创建、修改或删除数据库对象而不必浏览里面的数据
db_backupoperator	此角色的用户可以备份数据库
db_datareader	此角色的用户可以读取所有用户表中的数据
db_datawriter	此角色的用户可以在所有用户表中添加、删除或者更改数据
db_denydatareader	此角色的用户不能看到数据库中的任何数据
db_denydatawriter	此角色的用户不能添加、修改或删除数据库内数据表中的任何数据
public	在 SQL Server 2012 中每个数据库用户都属于 public 数据库角色。当尚未对某个用户授予特定权限时,该用户将继承授予该安全对象的 public 角色的权限。这个数据角色不可以删除

相关案例 1

自定义数据库角色,在"教学管理"固定数据库角色 db_owner,删除角色成员 ID。具体操作步骤如下。

(1) 打开 SQL Server Management Studio,以 sa 身份登录 SQL Server 服务器,在左侧树形列表中单击"数据库"前面的加号,选择"教学管理"数据库,单击其"安全性"中前面的加号,右击"角色"选项,在弹出的快捷菜单中选择"新建数据库角色"命令,打开"数据库角色-新建"对话框。

(2) 在角色名称文本框中输入 new_role,所有者选择 dbo,如图 9-17 所示,单击"确定"按钮。

(3) 单击"添加"按钮,打开"选择数据库用户或角色"对话框,输入 ID 后单击"检查名称"按钮,单击"确定"按钮,用户 ID 出现在角色成员列表中,如图 9-18 所示。

(4) 打开左侧列表中的"安全对象"界面,单击"搜索"按钮,打开"添加对象"对话框,选择"特定类型的所有对象"选项,单击"确定"按钮后弹出"选择对象类型"窗口,选中"表"复选框,单击"确定"按钮,数据表出现在安全对象列表中,如图 9-19 所示。

(5) 选中 student 数据表,在 dbo.book 权限列表中选中"选择"后面"授予"列的复选框,如图 9-20 所示。

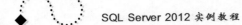

230

（6）单击"列权限"按钮，设置列权限，其中 nation、native 拒绝访问。

（7）单击"确定"按钮，自定义角色 new_role 创建完毕。

（8）测试是否成功。先关闭所有程序，重新以 user1 身份登录 SQL Server 服务器。

（9）单击"教学管理"前面的加号，单击"表"前面的加号，可以看到表节点下面只显示拥有查看权限的 student 表。

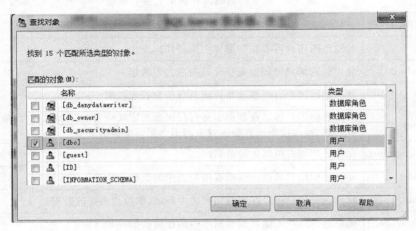

图 9-17　"查找对象"窗口

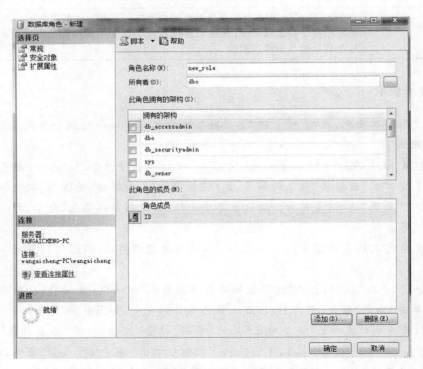

图 9-18　"选择数据库用户或角色"对话框

图 9-19 "查找对象"窗口

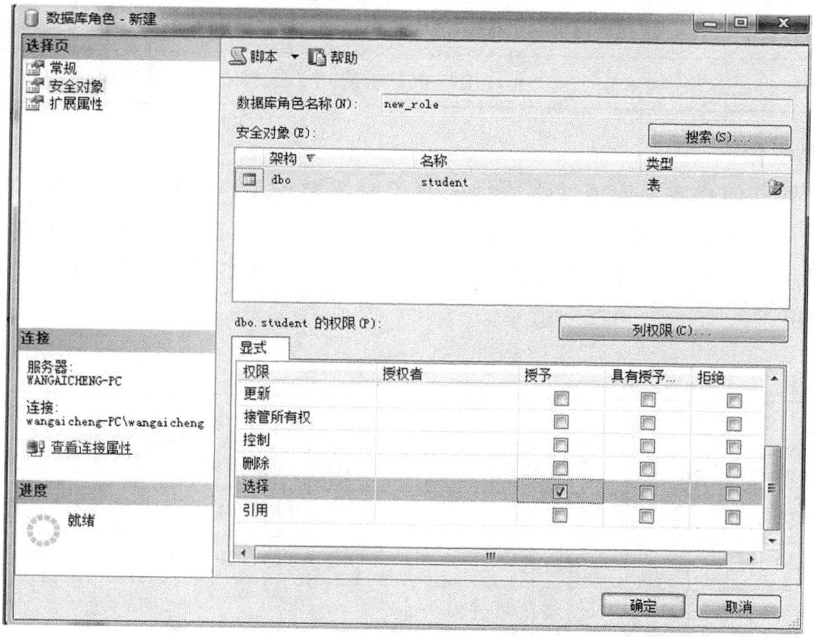

图 9-20 选中"选择"后面"授予"列的复选框

9.1.5 数据库管理权限

使用数据库用户账户能够对相应的数据库进行操作,但进行何种操作则必须要设置权限。权限就是用户拥有某种操作的权力。在 SQL Server 中包括 3 种类型的权限,即对象权限、语句权限和暗示性权限。

1. 对象权限

对象权限是指为特定对象、特定类型的所有对象设置的权限。在服务器级别,可以为服务器、登录账户和服务器角色授予对象权限。在数据库级别,可以为应用程序角色、数据库和数据库角色等授予对象权限。表 9-3 中简要介绍了几种常用对象权限。

表 9-3　对象权限表

对象权限名称	对象权限含义
Control	控制权限,拥有对数据库内所有对象的控制权限
Alter	允许用户创建、修改或删除受保护对象
Insert	允许用户在表中插入新的行
Update	允许用户修改表中数据,但不允许添加或者删除表中行
Delete	允许用户从表中删除行
Take ownership	允许用户取得对象的所有权
Create	允许用户创建对象
Select	允许用户从表中或者视图中读取数据
Execute	允许用户执行被应用了该权限的存储过程

2. 语句权限

语句权限是创建数据库或数据库中的对象时需要设置的权限,其主要指用户是否具有权限来执行某一语句,这些语句通常是一些具有管理性的操作,如创建表、视图、存储过程等。如果用户需要在数据库中创建数据表,就要授予其 CREATE TABLE 语句权限。表 9-4 中列出了所有的语句权限清单。

表 9-4　语句权限清单

语　句	说　明	语　句	说　明
CREATE DATABASE	创建数据库	CREATE INDEX	创建索引
CREATE TABLE	创建表	CREATE RULE	创建规则
CREATE VIEW	创建视图	CREATE DEFAULT	创建默认值
CREATE PROCEDURE	创建存储过程		

3. 暗示性权限

暗示性权限是系统预先授予预定义角色的权限,其控制那些只能由预定义系统角色的成员或数据库对象所有者执行的活动。例如,sysadmin 固定服务器角色成员自动继承在 SQL Server 安装中进行操作或查看的全部权限。而数据库对象所有者,其可以对所拥有的对象执行一切活动。例如,拥有表的用户可以查看、添加或删除数据,更改表定义,或控制允许其他用户对表进行操作的权限。

4. 授权

授权是指把对象权限或语句权限赋予指定的数据库的用户或角色。使用 SQL Server Management Studio 授予数据库用户对象权限的步骤如下例所述。

相关案例 2

给 new_role 授予控制表 student 的权限,具体步骤如下。

（1）打开 SQL Server Management Studio,以 sa 身份登录 SQL Server 服务器,在左侧树形列表中单击"数据库"前面的加号,选择"教学管理"数据库,打开"表"选项,右击 student 表,在弹出的快捷菜单中选择"属性"命令,打开"表属性-student"窗口。

（2）选择左侧列表框中选择"权限"选项,在 new_role 的权限中选中"控制"后面"授予"列的复选框,取消选中其他权限后"授予"列的复选框。

（3）单击"确定"按钮关闭对话框,关闭所有程序。

（4）重新以 user1 身份登录,user1 是 new_role 的成员。查询 student 表,即可以看到 student 表中全部数据。

5. 权限收回

权限的收回就是把授予数据库用户或角色的权限删除,使其不具备相应的权限。权限收回可以使用图形化界面删除权限,也可以使用 Transact-SQL 语句的 REVOKE 命令删除以前授予的权限。

图形化界面删除权限的办法与授予权限时的操作基本相同,只不过是把权限状态改变为未指定状态（□）。

REVOKE 命令权限收回对象权限的基本语法如下:

```
REVOKE [GRANT OPTION FOR]
{ALL[PRIVILEGES]|permission[,...,n]}
{
[(column[,...,n])] ON {table|view}|ON {table|view}
[(column[,...,n])]
|{stored_procedure}
}
{TO|FROM}
security_account[,...,n]
[CASCADE]
```

REVOKE 命令权限收回语句权限的基本语法如下:

```
REVOKE {ALL|statement[,...,n]}
FROM security_account[,...,n]
```

参数说明如下。

（1）ALL:表示删除所有可应用的权限。

（2）statement:表示删除权限的命令。例如,CREATE TABLE。

（3）permission:表示在对象上执行某些操作的权限。

（4）column:在表或者视图中允许将权限局限到某些列上,column 列名。

（5）security_account:定义被删除权限的用户,如数据库用户、角色或者 Windows 用户等。

（6）CASCADE:表示要删除的权限也会从此主体授予或者拒绝该权限的其他主体

中删除。

由于对象的权限具有继承性,因此如果用户没有被授予某些权限或权限被收回,其还是有可能从更高级别用户或角色中继承已授予的权限。比如,数据库用户 UserA 属于数据库角色 RoleA,UserA 对表 TableA 设置了 INSERT 权限,而 RoleA 则被授予对表 TableA 的 SELECT 权限,则 UserA 最终获得了对表 TableA 的 SELECT 权限和 INSERT 权限,也即是说 UserA 继承了 RoleA 对表 TableA 的权限。

6. 拒绝访问

拒绝访问是指使数据库用户或角色拒绝使用权限的操作。如果用户的某个权限被拒绝了,则该用户无论如何也无法取得这个权限。

相关案例 3

如果拒绝用户 ID 访问数据库"教学管理"中表 student 的权限,那么即使用户 ID 属于角色 new_role 拥有 SELECT 权限,用户 ID 仍不能读取该表中的数据。

拒绝访问的操作步骤如下。

(1) 打开 SQL Server Management Studio,以 sa 身份登录 SQL Server 服务器,在左侧树形列表中单击"数据库"前面的加号,选择"教学管理"数据库,再单击"安全性"节点。

(2) 右击"用户",在弹出的快捷菜单中选择"新建用户"命令,打开"数据库用户-新建"对话框。

(3) 设置用户名为 deny_user,登录名选择 user2,默认架构选择 dbo,用户的角色为 db_owner,使其拥有数据库的全部权限。

(4) 在左侧树形列表中选择"安全对象"选项。单击"搜索"按钮,选择 student 数据表。在"dbo. book 的权限"列表中将"选择"权限设置为"拒绝"。

9.2 【实例 16】SQL Server 2012 中的备份

数据库的破坏是难以预测的,因此必须采取能够还原数据库的措施。一般地,造成数据丢失的常见原因包括以下几种:软件系统瘫痪、硬件系统瘫痪、人为误操作、存储数据的磁盘被破坏、地震、火灾、战争、盗窃等灾难。

对 SQL Server 数据库或事务日志进行备份时,数据库备份记录了在进行备份这一操作时数据库中所有数据的状态,以便在数据库遭到破坏时能够及时将其恢复。SQL Server 备份数据库是动态的,在进行数据库备份时,SQL Server 允许其他用户继续对数据库进行操作。

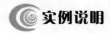

实例说明

使用 SQL Server Management Studio 工具对"教学管理"数据库创建完整备份。

实例操作

操作步骤如下。

1. 创建备份设备

（1）在"对象资源管理器"窗格中依次展开"服务器"→"服务器对象"。

（2）展开"服务器对象"节点，右击"备份设备"选项。

（3）从弹出的快捷菜单中选择"新建备份设备"命令，如图 9-21 所示，打开"备份设备"对话框。

图 9-21　选择"新建备份设备"命令

（4）在"设置名称"文本框中输入设备名称"教学管理_备份"，若要确定目标位置，选择"文件"单选按钮并指定该文件的完整路径"C:\Program Files\Microsoft SQL Server\MSSQL11. MSSQLSERVER\MSSQL\Backup\教学管理_备份. bak"，如图 9-22 所示。

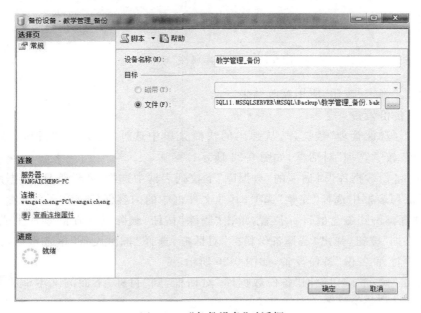

图 9-22　"备份设备"对话框

（5）单击"确定"按钮完成备份设备的创建。

2. 设置备份模式

（1）打开 SQL Server Management Studio 窗口，依次展开"服务器"→"数据库"，选择"教学管理"数据库。

（2）右击该数据库，在弹出的快捷菜单中选择"属性"命令。

（3）选择"选项"选项，打开"选项"页面，从"恢复模式"下拉列表框中选择"完整"选项，如图 9-23 所示。

图 9-23 "数据库属性"对话框

（4）单击"确定"按钮，应用修改结果。

3. 设置备份设备

（1）右击"选课管理"数据库，从弹出的快捷菜单中选择"任务"→"备份"命令，打开"备份数据库-教学管理"对话框，如图 9-24 所示。

（2）在"备份数据库"对话框的"数据库"下拉列表框中选择"教学管理"数据库；在"备份类型"下拉列表框中选择"完整"选项；其他文件框中的内容保持默认不变。

（3）设置备份到磁盘的目标位置，单击"删除"按钮，删除已存在的默认生成的目标，然后单击"添加"按钮，弹出"选择备份目标"对话框，选择"备份设备"单选按钮，选择刚才建立的"教学管理-备份"备份设备，如图 9-25 所示。

（4）单击"确定"按钮返回"备份数据库"对话框，则"目标"下面的文本框将增加一个"教学管理-备份"备份设备。

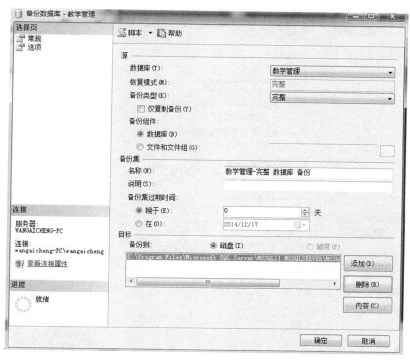

图 9-24 "备份数据库-教学管理"对话框

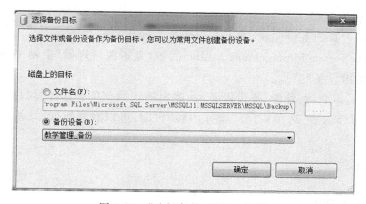

图 9-25 "选择备份目标"对话框

4. 备份数据库

（1）在"备份数据库"对话框中选择"选项"选项，打开"选项"页面，选择"覆盖所有现有备份集"单选按钮，用于初始化新的设备或覆盖现有的设备；选中"完成后验证备份"复选框，用来核对实际数据库与备份副本，并确保它们在备份完成之后是一致的，效果如图 9-26 所示。

（2）单击"确定"按钮开始备份，完成备份后将弹出备份完成对话框。

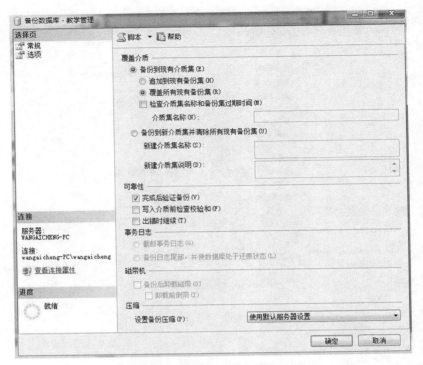

图 9-26　"备份数据库-选项"对话框

5．查看备份数据库

为了验证是否真的备份完成，查看备份数据库操作步骤如下。

（1）在 SQL Server Management Studio 的"对象资源管理器"窗格中展开"服务器对象"节点下的"备份设备"节点。

（2）右击"选课管理-备份"备份设备，从弹出的快捷菜单中选择"属性"命令。

（3）选择"媒体内容"选项，打开"媒体内容"页面，可以看到数据库"教学管理"的完整备份。

知识学习

9.2.1　备份的概念

备份是指制作数据库的复本，用于在系统发生故障后还原和恢复数据。数据库备份并不是简单地将表中的数据复制，而是将数据库中的所有信息，包括表数据、视图、索引、约束条件，甚至是数据库文件的路径、大小、增长方式等信息也备份。

创建备份的目的是为了恢复已损坏的数据库。但是，备份和还原数据需要在特定的环境中进行，并且必须使用一定的资源。因此，可靠地使用备份和还原以实现恢复需要有一个备份和还原策略。备份时，需要考虑以下因素：组织对数据库的备份需求，尤其是对必要性的防止数据丢失的要求；每个数据库的特性，其大小、使用模式、内容特性及其数据要求等；资源的约束，例如，硬件、人员、存储备份媒体空间以及存储媒体的物理安全性等。

9.2.2 数据库备份类型

数据库备份的类型主要有以下几种。

1. 完整备份

完整数据库备份包括所有对象、系统表以及数据。在备份开始时,SQL Server 复制数据库中的一切,包括备份进行过程中所需要的事务日志部分。因此,利用完整备份还可以还原数据库在备份操作完成时的完整数据库状态。

完整备份是对数据库的完全备份,这种备份类型不仅速度较慢,而且将占用大量磁盘空间。在对数据库进行完整备份时,所有未完成的事务或者发生在备份过程中的事务都将被忽略。

2. 差异备份

差异备份是备份最近一次完整备份之后发生改变的数据。因为只备份变动的内容,所以这种类型的备份比完整备份更小、更快,可以简化频繁的备份操作,减少数据丢失的风险。差异性备份必须基于完整备份,因此差异性备份的前提是进行至少一次完全数据备份。

差异备份常用在以下几种情况:

- 自上次数据库备份后数据库中只有相对较少的数据发生了更改,如果多次修改相同的数据,则差异数据库备份尤其有效。
- 使用的是完整恢复模型或大容量日志记录恢复模型,希望需要最少的时间在还原数据库时前滚事务日志备份。
- 使用的是简单恢复模型,希望进行更频繁的备份,但非进行频繁的完整数据库备份。

3. 文件或文件组备份

我们可以选择性地备份数据库文件和文件组而不是备份整个数据库。文件或文件组备份可以只备份文件而不是整个数据库以节省时间。有许多因素会影响文件和文件组的备份。

在使用文件和文件组备份时,还必须备份事务日志,所以不能在启用"在检查点截断日志"选项的情况下使用这种备份技术。此外,如果数据库中的对象跨多个文件或文件组,则必须同时备份所有相关文件和文件组。

4. 事务日志备份

事务日志备份是备份所有数据库修改的记录,用来在还原操作期间提交完成的事务以及回滚未完成的事务。在备份事务日志时,备份将存储自上一次事务日志备份后发生的改变,然后截断日志,以此清除已经被提交或放弃的事务。

不同于完整备份和差异备份,事务日志备份记录备份操作开始时的事务日志状态,而不是结束时的状态。事务日志备份常用在以下几种情况:

- 存储备分文件的磁盘空间很小或者留给进行备份操作的时间很短。
- 不允许在最近一次数据库备份之后发生数据丢失或损坏现象。
- 准备把数据库恢复到发生失败的前一点,数据库变化较为频繁。

数据库的备份是需要相关人员进行管理和实施的。备份的人员可以是系统管理员、数据库所有者、允许对数据库备份的用户和拥有对数据库进行备份权限的用户。

数据库备份主要的介质有磁盘、磁带和命名管道三类。磁盘是最主要的存储介质，通过它既可以备份本地数据库，又可以备份网络数据库。磁带通常备份大容量的本地数据库。利用命名管道的功能，其他的软件可以实现对数据库的备份和还原。

9.2.3 备份设备

备份设备的创建有两种基本方式，一种是在对象资源管理器中创建，另一种是利用命令的方式创建。

1. 使用 SQL Server Management Studio 创建备份设备

（1）启动 SQL Server Management Studio，打开 SQL Server Management Studio 窗口，并使用 windows 或者 SQL Server 身份验证建立连接。

（2）在"对象资源管理器"视图中双击"服务器对象"，展开服务器的"服务器对象"文件夹。

（3）在"服务器对象"下选择"备份设备"，右击"备份设备"，在弹出的快捷菜单中选择"新建备份设备"命令。

（4）打开"备份设备"对话框。在"设备名称"文本框中输入"master 备份"。设置好目标文件或者保持默认值，这里必须保证 SQL Server 2012 所选择的硬盘驱动器上有足够的可用空间。

（5）单击"确定"按钮完成创建永久备份设备。

（6）查看备份设备属性。可以在 market 备份上右击，在弹出的快捷菜单中选择"属性"命令，打开属性窗口，查看备份设备的文件名和存储位置。

2. 使用命令语句查看服务器上每个设备的有关信息

在 SQL Server 2012 系统中查看服务器上每个设备的有关信息，可以使用系统存储过程 sp_helpdevice，其中包括备份设备。

（1）启动 SQL Server Management Studio，打开 SQL Server Management Studio 窗口，并使用 Windows 或者 SQL Server 身份验证建立连接。

（2）在工具栏中单击"新建查询"按钮，在"查询窗口"中输入命令语句"sp_helpdevice"，单击工具栏上的"执行"按钮，执行结果如图 9-27 所示。

图 9-27 "sp_helpdevice"执行结果

3. 使用命令语句创建备份设备

在 SQL Server 中,可以使用 sp_addumpdevice 语句创建备份设备,其语法形式如下:

```
sp_addumpdevice [@devtype=] 'device_type',
[@logicalname=] 'logical_name',
[@physicalname=] 'physical_name '
```

参数说明如下。

- device_type 是备份设备的类型名称,disk 是指磁盘,tape 是指磁带,pipe 是指命名管道。
- logical_name 是该备份设备的逻辑名称。
- physical_name 是该备份设备物理名称。

相关案例 4

在磁盘上创建了一个备份设备"master 备份 1"。

(1) 启动 SQL Server Management Studio,打开 SQL Server Management Studio 窗口,并使用 Windows 或者 SQL Server 身份验证建立连接。

(2) 在"查询窗口"中输入"sp_addumpdevice"命令语句,如图 9-26 所示。单击"执行"按钮。

(3) 右击"备份设备",在弹出的快捷菜单中选择"刷新"命令,可以看到新创建的备份设备。

```
use master
exec sp_addumpdevice 'disk','master 备份 1',
'C:\Program Files\Microsoft SQL server\
MSSQL11.MSSQLSERVER\MSSQL\Backup\master 备份 1.bak'
```

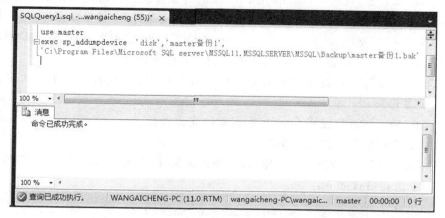

图 9-28　用命令语句创建备份设备

4. 使用 SQL Server Management Studio 删除备份设备

(1) 启动 SQL Server Management Studio 的资源管理器,展开"服务器对象"节点下的"备份设备"节点,该节点下列出了当前系统的所有备份设备。

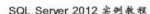

（2）选中需要删除的备份设备"master 备份"，右击"master 备份"，在弹出的快捷菜单中选择"删除"命令，打开"删除对象"对话框。

（3）在"删除对象"对话框右窗格中，选中"对象名称"列中显示的设备名称，并确认为删除的对象，然后单击"确定"按钮。

5. 通过命令方式删除备份设备

删除一个磁盘备份设备的基本语法是：

```
EXEC sp_dropdevice 'logical_name' , 'delfile'
```

参数说明如下。

- logical_name：逻辑磁盘备份设备名。
- delfile：表示是否同时删除磁盘备份物理设备名。

相关案例 5

在磁盘上删除一个备份设备"master 备份 1"。

（1）启动 SQL Server Management Studio，打开 SQL Server Management Studio 窗口，并使用 windows 或者 SQL Server 身份验证建立连接。

（2）在"查询窗口"中输入删除命令语句"EXEC sp_dropdevice"，单击"执行"按钮。

（3）右击"备份设备"，在弹出的快捷菜单中选择"刷新"命令，该备份设备被删除。

```
exec sp_dropdevice 'master 备份 1' , 'delfile'
```

9.2.4 备份数据库

1. 使用 SQL Server Management Studio 创建完整备份

（1）启动 SQL Server Management Studio 的对象资源管理器，右击"系统数据库"下的 master 数据库，在弹出的快捷菜单中选择"任务/备份"，打开"备份数据库"对话框。

（2）选择"常规"选项，源数据库为 master，备份类型为"完整"，目标备份到"磁盘"，单击"添加"按钮，打开"选择备份目标"对话框，选择"备份到设备"。

（3）选择"选项"选项，备份到现有媒体集选择"覆盖所有现有备份集"，可靠性选择"完成后验证备份"。

（4）单击"确定"按钮，完成 master 数据库的完整备份。

2. 使用命令语句备份完整数据库

使用 backup 命令完全备份数据库、差异备份数据库、备份文件和文件组、备份事务日志文件。命令语句格式如下：

```
BACKUP DATABASE {database_name|@database_name_var} <file_or_filegroup>[ ,...,f ]
TO <backup_device>[ ,...,n ] ..[[,]{INIT|NOINIT}]
```

参数说明如下。

- database_name 是备份的数据库名称。
- backup_device 是备份设备的类型名称。

- 使用 NOINIT 选项,SQL Server 把备份追加到现有的备份文件,也就是在原有的数据备份基础上,继续将现有的数据库追加性地继续备份到该磁盘备份文件中。
- 使用 INIT 选项,SQL Server 将重写备份媒体集上所有数据,即将上次备份的文件抹去,重新将现有的数据库文件写入到该磁盘备份文件中。

 相关案例 6

创建一个名为"教学管理_备份"的命名备份设备,并执行完整的数据库备份。

(1) 启动 SQL Server Management Studio,打开 SQL Server Management Studio 窗口,并使用 Windows 或者 SQL Server 身份验证建立连接。

(2) 在"查询窗口"中输入命令语句,单击工具栏上的"执行"按钮。

```
use 教学管理
exec sp_addumpdevice 'disk','教学管理_备份',
'C:\Program Files\Microsoft SQL Server\
MSSQL11.MSSQLSERVER\MSSQL\Backup\ 教学管理_备份.bak'
backup database 教学管理 to 教学管理_备份
```

3. 使用 SQL Server Management Studio 创建差异备份

(1) 启动 SQL Server Management Studio 的对象资源管理器,选择"教学管理"数据库,右击"教学管理"数据库,在弹出的快捷菜单中选择"任务/备份"命令。

(2) 打开"备份数据库"对话框,选择"常规"选项,源数据库为"教学管理",备份类型为"差异",目标备份到"磁盘",单击"添加"按钮,打开"选择备份目标"对话框,选择"备份到设备教学管理备份"。

(3) 选择"选项"选项,备份到现有媒体集选择"覆盖所有现有备份集",可靠性选择"完成后验证备份"。

(4) 单击"确定"按钮完成教学管理数据库的差异备份。

4. 使用命令语句备份差异数据库

执行差异性备份的语法与完全数据备份基本一致,区别是在后面写上 WITH DIFFERENTIAL 参数即可。

 相关案例 7

创建一个名为"教学管理备份"的命名备份设备,并执行完整的数据库备份。

```
use 教学管理
exec sp_addumpdevice 'disk','教学管理_备份',
'D:\Program Files\Microsoft SQL Server\
MSSQL11.MSSQLSERVER\MSSQL\Backup\ 教学管理_备份.bak'
backup database 教学管理 to 教学管理_备份 WITH DIFFERENTIAL
```

5. 使用 SQL Server Management Studio 创建事务日志备份

在 SQL Server 2012 系统中事务日志备份有以下 3 种类型。

(1) 纯日志备份:仅包含一定间隔的事务日志记录而不包含在日志恢复模式下执行

的任何大容量更改的备份。

（2）大容量操作日志备份：包含日志记录及由大容量操作更改的数据页的备份。不允许对大容量操作日志备份进行时间点恢复。

（3）尾日志备份：对可能已损坏的数据库进行的日志备份，用于捕获尚未备份的日志记录。尾日志备份在出现故障时进行，用于防止丢失数据，可以包含纯日志记录或者大容量操作日志记录。

 相关案例 8

创建"教学管理"数据库的事务日志备份，其操作步骤如下。

（1）启动 SQL Server Management Studio 的对象资源管理器，选择"教学管理"数据库，右击"教学管理"数据库，在弹出的快捷菜单中选择"任务/备份"命令。

（2）打开"备份数据库"对话框，选择"常规"选项，源数据库为"教学管理"，备份类型为"事务日志"，目标备份到"磁盘"，单击"添加"按钮，打开"选择备份目标"对话框，选择"备份到设备教学管理备份"。

（3）选择"选项"选项，备份到现有媒体集选择"覆盖所有现有备份集"，可靠性选择"完成后验证备份"，事务日志选择"截断事务日志"。

（4）单击"确定"按钮完成。

6. 使用命令语句备份事务日志

执行日志文件备份的前提和基本条件是要求一个完全数据备份，备份日志文件的语法形式如下：

```
BACKUP LOG { database_name | @database_name_var }
{TO <backup_device >[ ,…,n ] [ WITH [ , ] { INIT | NOINIT } ] [ [ , ] NO_TRUNCATE|
TRUNCATE_ONLY ]}
```

参数说明如下。

（1）NO_LOG：无须备份复制日志，即删除不活动的日志部分，并且截断日志。该选项会释放空间。因为并不保存日志备份，所以没有必要指定备份设备。NO_LOG 和 TRUNCATE_ONLY 是同义的，使用 NO_LOG 或 TRUNCATE_ONLY 备份日志后，记录在日志中的更改不可恢复。

（2）NO-TRUNCATE 选项：该选项可以完全备份所有数据库的最新活动信息，该参数只能与 BACKUP LOG 命令一起使用，该参数使用的意义是，指定不截断日志，并使数据库引擎尝试执行备份，而不考虑数据库的状态。

 相关案例 9

为日志创建一个备份设备，并备份教学管理数据库的事务日志。

```
use 教学管理
exec sp_addumpdevice 'disk', '教学管理 Log',
'D:\Program Files\Microsoft SQL Server\
MSSQL11.MSSQLSERVER\MSSQL\Backup\教学管理备份.bak'
```

backup log 教学管理 to 教学管理_ Log

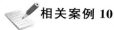 **相关案例 10**

清空日志文件：

backup log 教学管理 with no_log

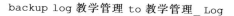 **相关案例 11**

备份事务日志，重写现有日志文件：

backup log 教学管理 to disk =
' D:\Program Files\Microsoft SQL Server\
MSSQL11.MSSQLSERVER\MSSQL\Backup\教学管理.bak'
with init,no_truncate

9.3 【实例 17】SQL Server 2012 中的还原

通过还原数据库，可以从完整的备份重新创建整个数据库。如果还原目标中已经存在数据库，还原操作将会覆盖现有的数据库。如果该位置不存在数据库，还原操作将会创建数据库。

实例说明

使用 SQL Server Management Studio 工具，使用"教学管理-备份"备份设备还原"教学管理"数据库。

实例操作

还原数据库的操作步骤如下。

（1）在 SQL Server Management Studio 窗口中依次展开服务器组，并展开要备份的数据库所在的服务器。

（2）右击"数据库"，在弹出的快捷菜单中选择"还原数据库"命令，打开"还原数据库"对话框，如图 9-29 所示。

（3）在"还原数据库"对话框的"目标数据库"下拉列表框中选择"教学管理"数据库，选择"源设备"单选按钮，单击"浏览"按钮 ...，弹出"指定备份"对话框，在"备份媒体"选项中选择"备份设备"选项，单击"添加"按钮，选择之前创建的"教学管理_备份"备份设备，如图 9-30 所示。

图 9-29 "还原数据库"对话框

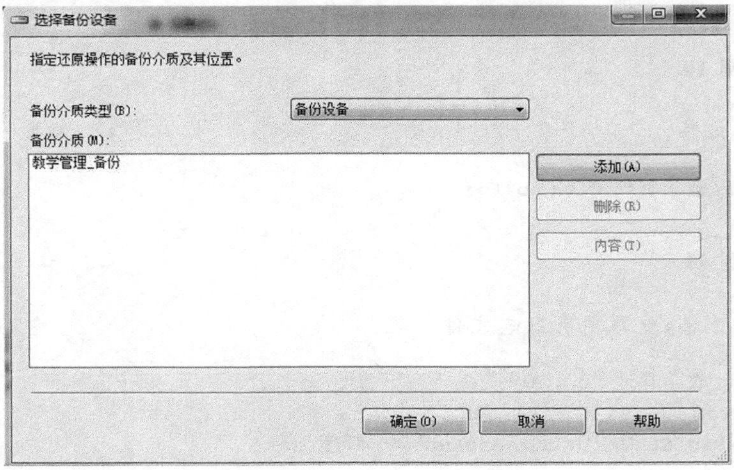

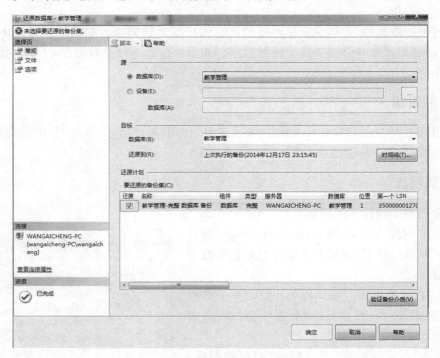

图 9-30 "指定备份"对话框

（4）单击"确定"按钮，返回到"还原数据库"对话框，如图 9-31 所示。

图 9-31 "还原数据库"对话框

（5）复选"选择用于还原的备份表"下面的"完整"备份。

（6）单击"选项"选项，在"选项"页面中"恢复状态"选择 RESTORE WITH RECOVERY 选项，如图 9-32 所示。

（7）单击"确定"按钮开始还原，还原完成后将弹出还原成功的对话框。

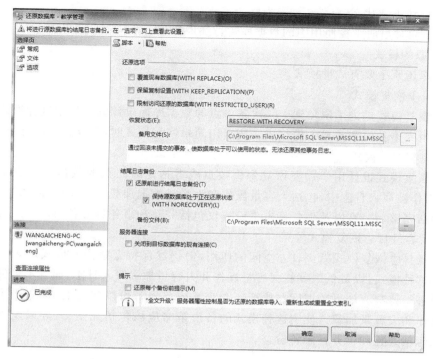

图 9-32　"还原数据库-选项"对话框

如果还需要还原别的备份文件,需要选择 RESTORE WITH NORECOVERY 单选按钮,还原完成后,数据库会显示处于正在还原状态,无法进行操作,必须到最后一个备份还原完成为止。

知识学习

9.3.1　还原的概念

还原是指将数据库恢复到正常状态的过程,当数据库遭到损坏时,可以对数据库进行修复,即从错误状态恢复到工作状态。但该功能实施的前提条件是事先要有备份,还原的过程是将备份的数据库加载到数据库管理系统中,才可以使数据库进行恢复,否则数据库是不能还原并恢复的。

数据库的备份和还原是一对完整的数据保护操作过程,实施备份和还原的意义在于,可以避免硬件系统或软件系统故障、用户的错误操作、恶意病毒、灾害事故或人为破坏现象造成的数据丢失或数据损坏的问题。

1. 还原的条件

在对数据库进行还原时,出现下列问题的数据库是不可以还原的。

(1) 还原与备份的数据库名称不一致时,不能对数据库进行还原。

(2) 如果备份了数据库,但该数据库后来不存在了,则必须要先建立同名数据库,且位置也必须是事先备份数据库的物理位置,再对同名的数据库进行还原操作,才可以使该数据库恢复到正常状态。

（3）不能对当前正在使用中的数据库进行还原操作。

2. 还原的模式

数据库还原主要有 3 种模式。

（1）简单恢复模式

简单恢复模式是为了恢复到上一次备份点的数据库而设计的。使用这种模式的备份策略应该由完整备份和差异备份组成。当启用简单恢复模式时，不能执行事务日志备份。

（2）完整恢复模式

完整恢复模式设计用于需要恢复到失败点或者指定时间点的数据库。使用这种模式，所有操作被写入日志中，包括大容量操作和大容量数据加载。使用这种模式的备份策略应该包括完整、差异，以及事务日志备份或仅包括完整和事务日志备份。

（3）大容量日志恢复模式

大容量日志恢复模式减少日志空间的使用，但仍然保持完整恢复模式的大多数灵活性。使用这种模式，以最低限度将大容量操作和大容量加载写入日志，而且不能针对逐个操作对其进行控制。如果数据库在执行一个完整或差异备份以前失败，将需要手动重做大容量操作和大容量加载。使用这种模式的备份策略应该包括完整、差异以及事务日志备份或仅包括完整和事务日志备份。

9.3.2 还原数据库

还原数据库的方法与备份数据库的方法类似，是备份数据库的逆操作。

1. 使用 SQL Server Management Studio 恢复数据库

（1）启动 SQL Server Management Studio 的对象资源管理器，右击"数据库"文件夹，在弹出的快捷菜单中选择"还原数据库"命令。

（2）或者在已有数据库上右击，在弹出的快捷菜单中选择"任务"→"还原"→"数据库"命令。

（3）打开"还原数据库"对话框，选择"常规"选项，在还原的源中选择"源设备"，单击"浏览"按钮，打开"指定被备份"对话框。

（4）在"指定备份"对话框中选择"备份设备"，单击"添加"按钮，选择被还原的数据库备份，单击"确定"按钮，返回"常规"选项，在"选择还原的备份集"中选择"完整备份"。

（5）选择"选项"选项，在"还原选项"中选择"覆盖现有数据库"。在"恢复状态"中选择第二项"不对数据库执行任何操作，不回滚未提交的事务，可以还原其他事务日志"，单击"确定"按钮，开始还原操作。

2. 使用命令语句还原数据库

使用 restore 来还原用 backup 命令备份的数据库，命令语句格式如下：

```
RESTORE DATABASE { database_name | @database_name_var }
[ FROM <backup_device >[ ,...,n ] ]
[ WITH
[ RESTRICTED_USER ]
```

```
[ [ , ] FILE = { file_number | @file_number } ]
  [ [ , ] { NORECOVERY | RECOVERY | STANDBY = undo_file_name } ]
  [ [ , ] REPLACE ]
[ [ , ] RESTART ]
[ [ , ] STATS [ = percentage ] ] ]
```

参数说明如下。

（1）DATABASE：指定从备份还原整个数据库。如果指定了文件和文件组列表，则只还原那些文件和文件组。{database_name | @database_name_var}是将日志或整个数据库还原到的数据库。

（2）RECOVERY：该选项是系统的默认选项。该选项用于恢复最后一个事务日志或者完全数据库恢复，可以保证数据库的一致性。如果必须使用增量备份恢复数据库，就不能使用该选项。

（3）NORECOVERY：当需要恢复多个备份时，使用 NORECOVERY 选项。在数据库恢复之前，数据库是不能使用的。

（4）FROM：指定从中还原备份的备份设备。如果没有指定 FROM 子句，则不会发生备份还原，而是恢复数据库。

（5）FILE = { file_number | @file_number }：标识要还原的备份集。例如，file_number 为 1 表示备份媒体上的第一个备份集，file_number 为 2 表示第二个备份集。

相关案例 12

在"教学管理_bak"备份上，完全还原数据库"教学管理"。

```
restore database 教学管理
from 教学管理_bak
```

实训 9

1. 目的与要求

（1）掌握备份和还原的基本概念。

（2）掌握对象资源管理器备份和还原备份设备的方法。

（3）使用对象资源管理器创建和还原备份设备、备份差异数据库。

（4）使用命令语句创建和还原备份设备、数据库的方法。

（5）掌握对象资源管理器删除备份设备的方法。

（6）掌握事务日志和文件组备份。

（7）掌握命令语句删除备份设备的方法。

2. 实训准备

（1）知识准备：了解备份和还原的基本概念。了解使用对象资源管理器备份和还原备份设备的操作步骤。了解使用对象资源管理器备份删除备份设备的操作步骤。

（2）资料准备：数据库"图书管理"。

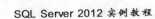
3. 实训内容

(1) 使用 SQL Server Management Studio 工具对"图书管理"数据库创建完整备份。

(2) 使用命令语句创建在磁盘上创建一个备份"图书管理_备份1"。

(3) 使用 SQL Server Management Studio 工具,使用"图书管理_备份"备份设备还原"图书管理"数据库。

(4) 使用命令语句在"图书管理_bak"备份上,完全还原数据库"图书管理"。

 习题 9

1. 简述数据库备份的基本概念以及备份的基本类别是什么。

2. 数据库备份过程中应注意哪些问题?

3. 进行数据库备份与还原命令综合实验。

第 **10** 章

SQL Server 数据转换

技能要求

1. 掌握 SQL Server 2012 导出数据的操作步骤；
2. 掌握将其他程序文件导入为 SQL Server 数据库表的操作步骤。

10.1 【实例 18】导出数据

实例说明

将 SQL Server 数据库"教学管理"导出为文本文件。

实例操作

操作步骤如下。

（1）启动 SQL Server Management Studio，打开 SQL Server Management Studio 窗口，并使用 Windows 或者 SQL Server 身份验证建立连接。

（2）在"对象资源管理器"视图中选择"教学管理"数据库对象。右击该数据库，在弹出的快捷菜单中选择"任务"→"导出数据"命令，如图 10-1 所示。

（3）打开"SQL Server 导入和导出向导"窗口，单击"下一步"按钮，选择导出数据的数据源，如图 10-2 所示。选择数据源为 SQL Server Native Client 11.0（表示本机数据），选择导出数据的数据库为"教学管理"，单击"下一步"按钮。

（4）在"SQL Server 导入和导出向导"窗口中选择导出数据的目标，即导出数据复制到何处，选择目标为"平面文件源"，如图 10-3 所示。

（5）指定该文件的路径名为 E:\student. txt，如图 10-4 所示，然后单击"下一步"按钮。

（6）在"SQL Server 导入和导出向导"窗口中选择从表中复制数据，或者从查询中复制数据，如图 10-5 所示。选择"复制一个或多个表或视图的数据"单选按钮，然后单击"下一步"按钮。

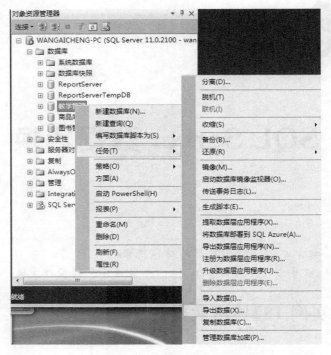

图 10-1　导出数据

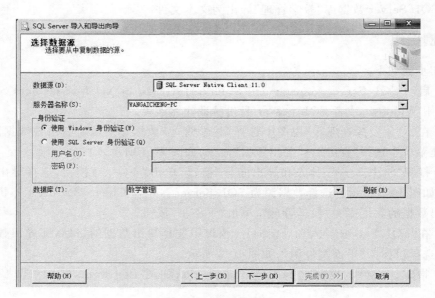

图 10-2　选择数据源

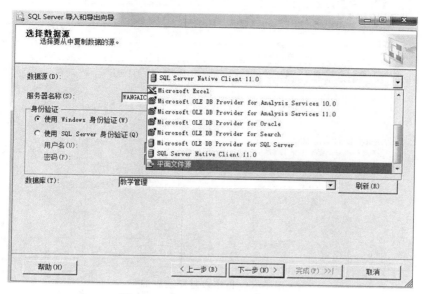

图 10-3　选择目标为"平面文件源"

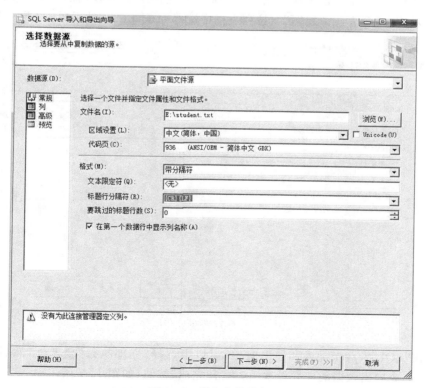

图 10-4　指定文件路径

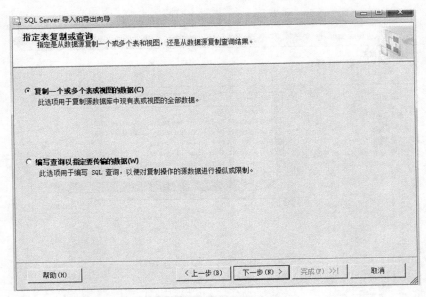

图 10-5　指定表复制或查询

（7）在"SQL Server 导入和导出向导"窗口中选择从复制数据的源表或源视图，如图 10-6 所示。在"源表或源视图"下拉列表框中选择 student 表，然后单击"下一步"按钮。

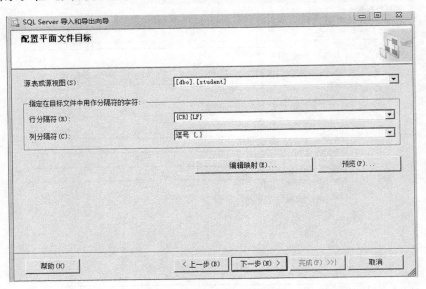

图 10-6　配置平面文件目标

（8）在"SQL Server 导入和导出向导"窗口中选择"立即执行"复选框，然后按"下一步"按钮。完成导出数据的向导设置后，单击"完成"按钮，如图 10-7 所示 。

（9）导出数据操作完成后，弹出执行成功的对话框，提示成功导出了 13 行数据，如图 10-8 所示。此时，在操作系统 D 盘下生成了一个新的文本文件 student.txt。打开导出到文件,可以看到该文件中记录了导出的数据。

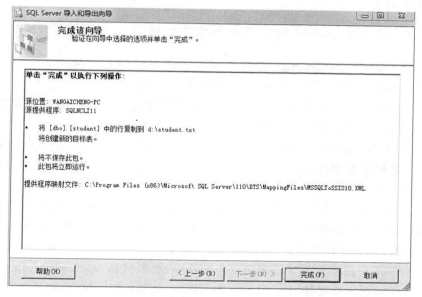

图 10-7　完成该向导

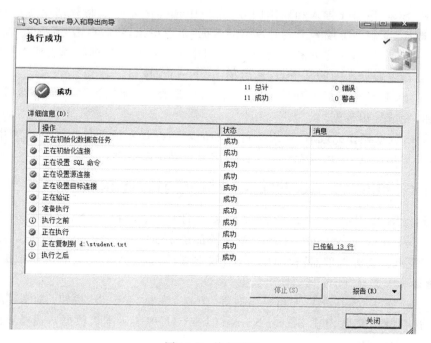

图 10-8　执行成功

知识学习

10.1.1　将 SQL Server 数据导出为文本文件

（1）启动 SQL Server Management Studio，打开 SQL Server Management Studio 窗口，并使用 windows 或者 SQL Server 身份验证建立连接。

（2）在"对象资源管理器"视图中选择"教学管理"数据库对象。右击该数据库，在弹出的快捷菜单中选择"任务"→"导出数据"命令。

（3）打开"SQL Server 导入和导出向导"窗口，单击"下一步"按钮，选择导出数据的数据源，选择数据源为 SQL Server Native Client 11.0（表示本机数据），选择导出数据的数据库为 student。

（4）在"SQL Server 导入和导出向导"窗口中选择导出数据的目标，即导出数据复制到何处，在目标中如果选择 SQL Server Native Client 10.0 选项，则将本机的 SQL Server 数据库数据导出到其他计算机的 SQL Server 服务器中；如果选择 Microsoft Excel 选项，则将 SQL Server 数据库数据导出到 Excel 文件中；如果选择 Microsoft Access 选项，则将 SQL Server 数据库数据导出到 Access 数据库中；如果选择"平面文件目标"，则将 SQL Server 数据库数据导出到文本文件，指定该文件的路径名。

（5）在"SQL Server 导入和导出向导"窗口中选择从表中复制数据或者从查询中复制数据。选择"复制一个或多个表或视图的数据"单选按钮，然后单击"下一步"按钮。

（6）在"SQL Server 导入和导出向导"窗口中选择从复制数据的源表或源视图，在下拉列表中选择表数据库中的某个表，然后单击"下一步"按钮。

（7）在"SQL Server 导入和导出向导"窗口中选择"立即执行"复选框，然后单击"下一步"按钮，完成导出数据。

（8）导出数据操作完成后，弹出执行成功的对话框提示成功导出了数据表中若干行数据。打开导出的文件，可以看到该文件中记录了导出的数据。

10.1.2　将 SQL Server 数据导出到本机内其他数据库

（1）启动 SQL Server Management Studio，打开 SQL Server Management Studio 窗口，并使用 Windows 或者 SQL Server 身份验证建立连接。

（2）在"对象资源管理器"视图中选择"教学管理"数据库对象。右击该数据库，在弹出的快捷菜单中选择"任务"→"导出数据"命令。

（3）打开"SQL Server 导入和导出向导"窗口，单击"下一步"按钮，选择导出数据的数据源。选择数据源为 SQL Server Native Client 11.0（表示本机数据），选择导出数据的数据库为"教学管理"。

（4）在"SQL Server 导入和导出向导"窗口中选择导出数据的目标，此时选择目标设为 SQL Native Client 11.0，数据库选择 master。

（5）在"SQL Server 导入和导出向导"窗口中选择"复制一个或多个表或视图的数据"单选按钮，然后单击"下一步"按钮。

（6）在"SQL Server 导入和导出向导"窗口中选择从复制数据的源表或源视图，在下拉列表中选择表 student、score、course，如图 10-9 所示，然后单击"下一步"按钮。

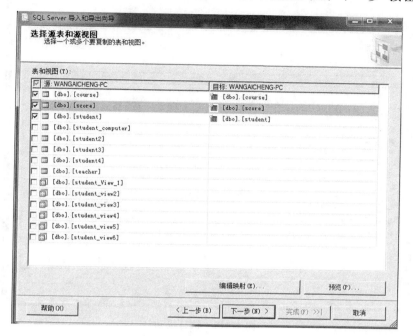

图 10-9　选择需要导出的表

（7）在"SQL Server 导入和导出向导"窗口中选择"立即执行"复选框，然后单击"下一步"按钮。完成导出数据的向导设置后，在"SQL Server 导入和导出向导"窗口中单击"完成"按钮。

（8）导出数据操作完成后，弹出执行成功的对话框。

（9）刷新 master 数据库表，可以看到新导入的表，如图 10-10 所示。

10.1.3　将 SQL Server 数据导出到 Access 数据库

（1）在本机内新建一个 access 数据库文件，命名为"D:\教学管理.mdb"，即该数据库中数据信息为空。

（2）在"对象资源管理器"视图中选择"教学管理"数据库对象。右击该数据库，在弹出的快捷菜单中选择"任务"→"导出数据"命令。

（3）打开"SQL Server 导入和导出向导"窗口，单击"下一步"按钮，选择导出数据的数据源。选择数据源为 SQL Server Native Client 11.0（表示本机数据），选择导出数据的数据库为"教学管理"，单击"下一步"按钮。

（4）在"SQL Server 导入和导出向导"窗口中选择导出数据的目标，此时选择目标设为 Microsoft Access，文件名设为"D:\教学管理.mdb"。

（5）在"SQL Server 导入和导出向导"窗口中选择"复制一个或多个表或视图的数据"单选按钮，然后单击"下一步"按钮。

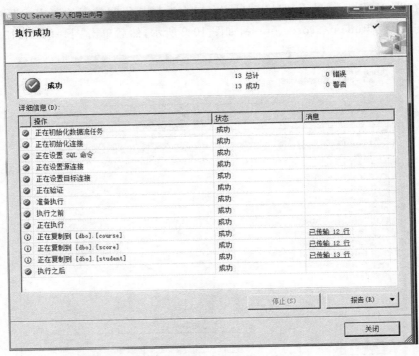

图 10-10　执行成功

(6) 在"SQL Server 导入和导出向导"窗口中选择从复制数据的源表或源视图,在下拉列表中选择所有表,然后单击"下一步"按钮。

(7) 在转换过程中,可以很明显看到的逻辑结构差异是:主码标志丢失、数据类型改变(如 int 类型改为长整数类型,varchr 类型改变为备注类型等),等等。因此,数据的导出仅仅是将具体的数据内容进行了导出,而关系型数据库的全局逻辑结构并不会随之被导出,这是因数据库管理软件的差异而产生的。

(8) 选择"立即执行"复选框,然后单击"下一步"按钮。完成导出数据的向导设置后,单击"完成"按钮。

(9) 导出数据操作完成后,弹出执行成功的对话框提示成功。

10.1.4　将 SQL Server 数据导出到 Excel 程序中

(1) 在"对象资源管理器"视图中选择"教学管理"数据库对象。右击该数据库,在弹出的快捷菜单中选择"任务"→"导出数据"命令。

(2) 打开"SQL Server 导入和导出向导"窗口,单击"下一步"按钮,选择导出数据的数据源。选择数据源为 SQL Server Native Client 11.0(表示本机数据),选择导出数据的数据库为"教学管理",单击"下一步"按钮。

(3) 在"SQL Server 导入和导出向导"窗口中选择导出数据的目标,此时选择目标设为 Microsoft Excel,文件名设为"D:\教学管理.xls"。

(4) 在"SQL Server 导入和导出向导"窗口中选择"复制一个或多个表或视图的数

据"单选项。

（5）在"SQL Server 导入和导出向导"窗口中选择从复制数据的源表或源视图,在下拉列表中选择所有表,然后单击"下一步"按钮。

（6）在"SQL Server 导入和导出向导"窗口中选择"立即执行"复选框,然后单击"下一步"按钮。完成导出数据的向导设置后,在"导入和导出向导"窗口中单击"完成"按钮。

（7）导出数据操作完成后,弹出执行成功的对话框提示成功。

10.2 【实例 19】导入数据

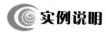
实例说明

使用 SQL Server Management Studio 将文本文件 student.txt 数据导入到 SQL Server 数据库。

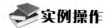
实例操作

操作步骤如下。

（1）新建一个文本文件,命名为"D:\student.txt",数据如图 10-11 所示。

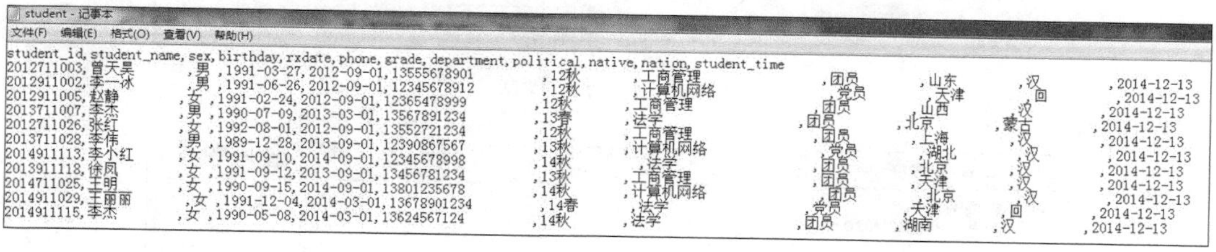

图 10-11 文本数据

（2）在"对象资源管理器"视图中选择"教学管理"数据库对象。右击该数据库,在弹出的快捷菜单中选择"任务"→"导入数据"命令。

（3）打开"SQL Server 导入和导出向导"窗口,单击"下一步"按钮,选择导出数据的数据源,如图 10-12 所示。选择数据源为"平面文件源",文件名为"D:\student.txt",单击"下一步"按钮,如图 10-13 所示。

（4）在"SQL Server 导入和导出向导"窗口中选择导出数据的目标,在目标中如果选择 SQL Server Native Client 11.0 选项,数据库选择"教学管理",然后单击"下一步"按钮。

（5）在"SQL Server 导入和导出向导"窗口中选择从复制数据的源表或源视图,如图 10-14 所示。在下拉列表中选择表 student.txt,然后单击"下一步"按钮。

（6）在"SQL Server 导入和导出向导"窗口中选择"立即执行"复选框,然后单击"下一步"按钮。完成导出数据的向导设置后,在"SQL Server 导入和导出向导"窗口中单击"完成"按钮。

（7）导出数据操作完成后,弹出执行成功的对话框提示成功导入了 11 行数据,如图 10-15 所示。

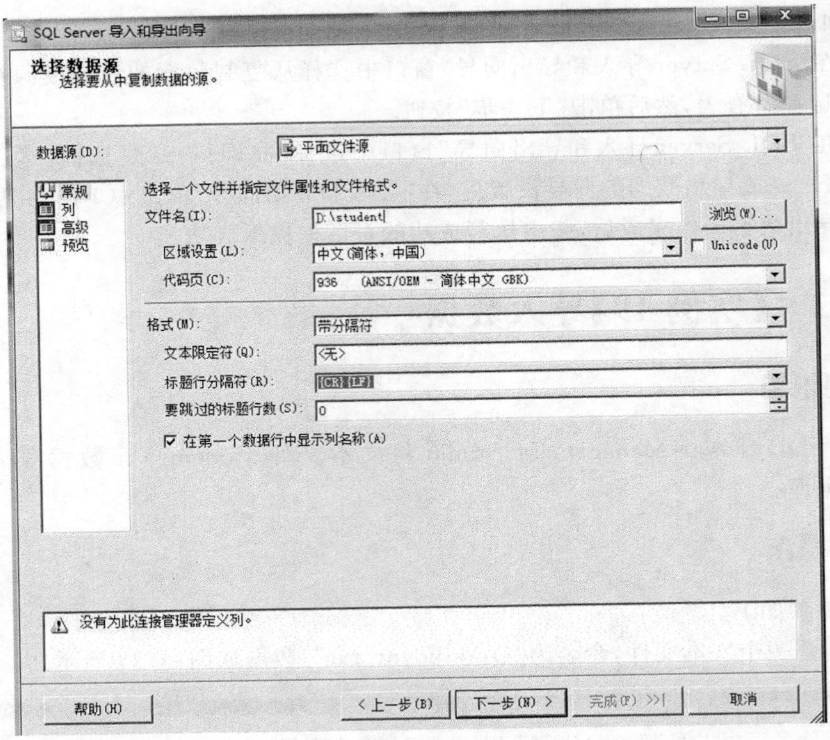

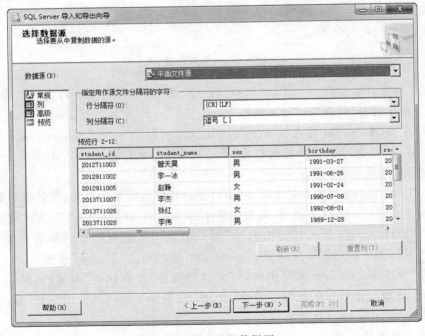

图 10-12　导入数据

图 10-13　选择数据源

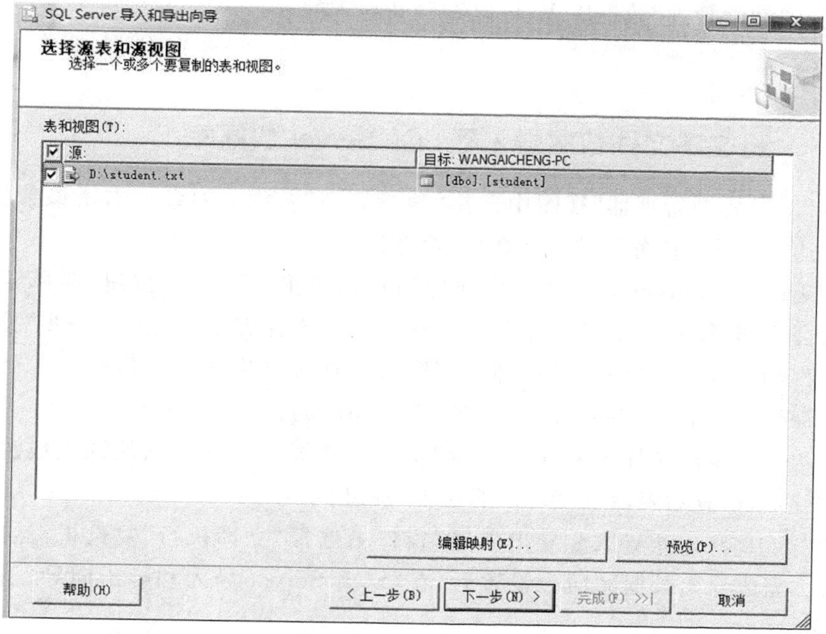

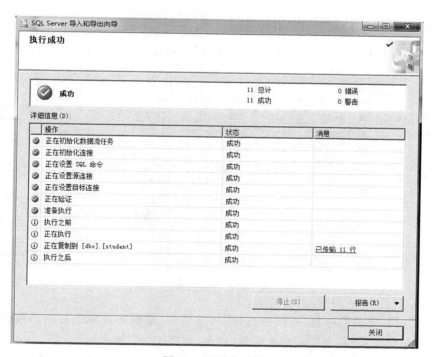

图 10-14　选择源表

图 10-15　执行成功

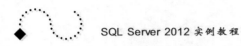
（8）刷新"教学管理"数据库表，可以看到新导入的表。

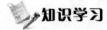

知识学习

10.2.1 将文本文件数据导入到 SQL Server 数据库

（1）在"对象资源管理器"视图中选择"教学管理"数据库对象。右击该数据库，在弹出的快捷菜单中选择"任务"→"导入数据"命令。

（2）打开"SQL Server 导入和导出向导"窗口，单击"下一步"按钮，选择导出数据的数据源。选择数据源为"平面文件源"，文件名为文本文件类型，单击"下一步"按钮。

（3）在"SQL Server 导入和导出向导"窗口中选择导出数据的目标。在目标中如果选择 SQL Server Native Client 11.0 选项，选择相应的数据库。

（4）在"SQL Server 导入和导出向导"窗口中选择从复制数据的源表或源视图。在下拉列表中选择相应的表，然后单击"下一步"按钮。

（5）在"SQL Server 导入和导出向导"窗口中选择"立即执行"复选框，然后单击"下一步"按钮。完成导出数据的向导设置后，在"SQL Server 导入和导出向导"窗口中单击"完成"按钮。

（6）导出数据操作完成后，弹出执行成功的对话框提示成功导入数据。

10.2.2 Excel 数据表的导入

（1）新建一个 Excel 文件，命名为"D:\student. xlsx"，数据如图 10-16 所示。

	A	B	C	D	E	F	G	H	I	J	K	L
1	student_id	student_name	sex	birthday	rxdate	phone	grade	department	political	native	nation	student_time
2	2012711003	曾天昊	男	1991/3/27	2012/9/1	13555678901	12秋	工商管理	团员	山东	汉	2014/12/13
3	2012911002	李一冰	男	1991/6/26	2012/9/1	12345678912	12秋	计算机网络	党员	天津	回	2014/12/13
4	2012911005	赵静	女	1991/2/24	2012/9/1	12365478999	12秋	工商管理	团员	山西	汉	2014/12/13
5	2013711007	李杰	男	1990/7/9	2013/3/1	13567891234	13春	法学	团员	北京	蒙古	2014/12/13
6	2012711026	张红	女	1992/8/1	2012/9/1	13552721234	12秋	工商管理	团员	上海	汉	2014/12/13
7	2013711028	李伟	男	1989/12/28	2013/9/1	12390867567	13秋	计算机网络	党员	湖北	汉	2014/12/13
8	2014911113	李小红	女	1991/9/10	2014/9/1	12345678998	14秋	法学	团员	北京	汉	2014/12/13
9	2013911118	徐凤	女	1991/9/12	2013/9/1	13456781234	13秋	工商管理	团员	天津	汉	2014/12/13
10	2014711025	王明	女	1990/9/15	2014/9/1	13801235678	14秋	计算机网络	团员	北京	汉	2014/12/13
11	2014911029	王丽丽	女	1991/12/4	2014/3/1	13678901234	14春	法学	党员	天津	回	2014/12/13
12	2014911115	李杰	女	1990/5/8	2014/3/1	13624567124	14秋	法学	团员	湖南	汉	2014/12/13

图 10-16　Excel 数据

（2）在"对象资源管理器"视图中选择"教学管理"数据库对象。右击该数据库，在弹出的快捷菜单中选择"任务"→"导入数据"命令，如图 10-17 所示。

（3）打开"SQL Server 导入和导出向导"窗口，单击"下一步"按钮，选择导出数据的数据源，如图 10-18 所示。选择数据源为 Microsoft Excel，文件名为 D:\student. xls，单击"下一步"按钮。

图 10-17　导入数据

图 10-18　选择数据源

（4）在"SQL Server 导入和导出向导"窗口中选择导出数据的目标，如图 10-19 所示。在目标中如果选择 SQL Server Native Client 11.0 选项，数据库选择"教学管理"，然后单击"下一步"按钮。

（5）在"SQL Server 导入和导出向导"窗口中选择从表中复制数据或者从查询中复制数据如图 10-20 所示。选择"复制一个或多个表或视图的数据"单选按钮，然后单击"下一步"按钮。

（6）在"SQL Server 导入和导出向导"窗口中选择从复制数据的源表或源视图，如图 10-21 所示。在下拉列表中选择表 sheet1，然后单击"下一步"按钮。

（7）在"SQL Server 导入和导出向导"窗口中选择"立即执行"复选框，然后单击"下

一步"按钮。完成导出数据的向导设置后,在"SQL Server 导入和导出向导"窗口中单击"完成"按钮。

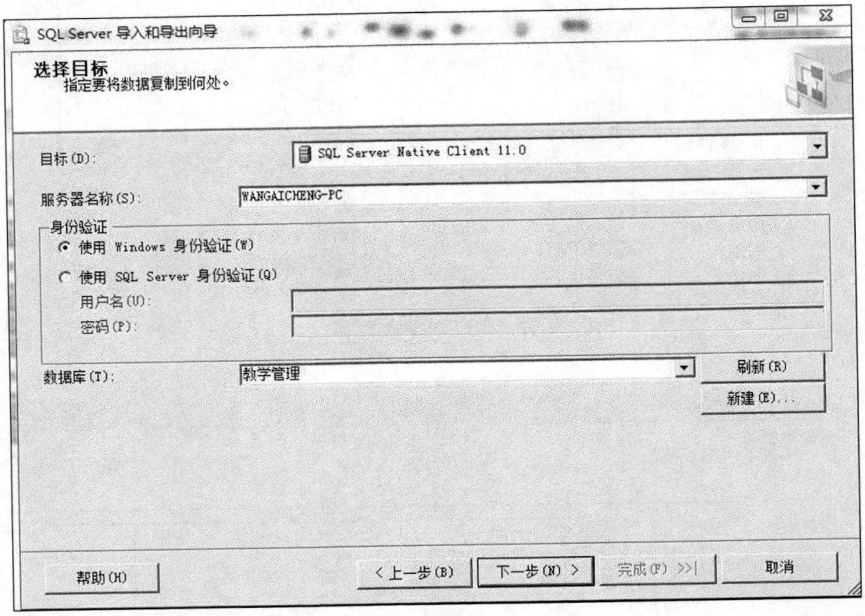

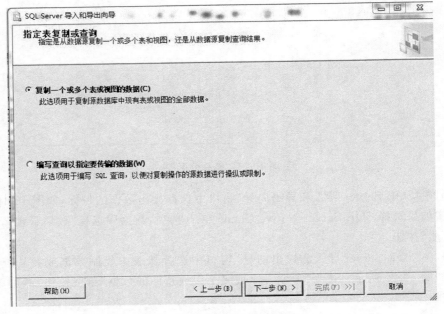

图 10-19　选择目标

图 10-20　指定表复制或查询

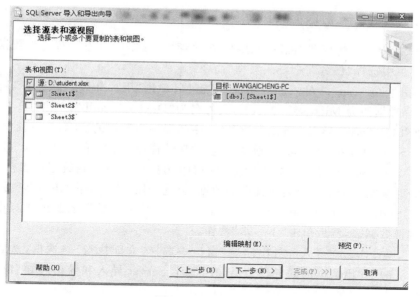

图 10-21　选择源表

（8）导出数据操作完成后，弹出执行成功的对话框提示成功导入了 3 行数据，如图 10-22 所示。

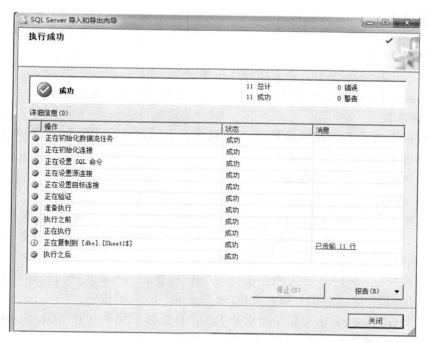

图 10-22　执行成功

（9）刷新"教学管理"数据库表，可以看到新导入的表。

10.2.3　Access 数据库表的导入

（1）在"对象资源管理器"视图中选择"教学管理"数据库对象。右击该数据库，在弹出的快捷菜单中选择"任务"→"导入数据"命令。

（2）打开"SQL Server 导入和导出向导"窗口，单击"下一步"按钮，选择导出数据的数据源，选择数据源为 Microsoft Access，文件名为"D:\book.mdb"，单击"下一步"按钮。

（3）在"SQL Server 导入和导出向导"窗口中选择导出数据的目标，在目标中如果选择 SQL Server Native Client 11.0 选项，数据库选择"教学管理"，然后单击"下一步"按钮。

（4）在"SQL Server 导入和导出向导"窗口中选择从表中复制数据或者从查询中复制数据，选择"复制一个或多个表或视图的数据"单选按钮，然后单击"下一步"按钮。

（5）在"SQL Server 导入和导出向导"窗口中选择从复制数据的源表或源视图，在下拉列表中选择数据表，然后单击"下一步"按钮。

（6）在"SQL Server 导入和导出向导"窗口中选择"立即执行"复选框，然后单击"下一步"按钮。完成导出数据的向导设置后，在"SQL Server 导入和导出向导"窗口中单击"完成"按钮。

（7）导出数据操作完成后，弹出执行成功的对话框提示成功导入了若干行数据。

（8）刷新"教学管理"数据库表，可以看到新导入的表。

实训 10

1. 目的与要求

（1）掌握 SQL Server 导入数据的操作步骤。

（2）掌握将 Excel 数据库表导入为 SQL Server 数据库表的操作步骤。

2. 实训准备

（1）知识准备：了解数据转换的基本概念。了解将 Excel 数据库表导入为 SQL Server 数据库表的相关概念和方法。

（2）资料准备：Excel 数据表。

3. 实训内容

（1）新建一个 Excel 文件，命名为"D:\课程安排.xls"，数据如图 10-23 所示。

（2）在"对象资源管理器"视图中选择"教学管理"数据库对象。右击该数据库，在弹出的快捷菜单中选择"任务"→"导入数据"命令。

（3）打开"SQL Server 导入和导出向导"窗口，单击"下一步"按钮，选择数据源为 Microsoft Excel，文件名为"D:\课程安排.xls"，单击"下一步"按钮。

（4）在"SQL Server 导入和导出向导"窗口的目标中如果选择 SQL Server Native Client 11.0 选项，数据库选择 student，然后单击"下一步"按钮 。

（5）在"SQL Server 导入和导出向导"窗口中选择从表中复制数据或者从查询中复制数据。选择"复制一个或多个表或视图的数据"单选按钮，然后单击"下一步"按钮。

（6）在"SQL Server 导入和导出向导"窗口中选择从复制数据的源表或源视图。在

	A	B	C	D
1	课程代码	课程名称	开课学院	课程类别标识
2	0730615029	中医骨伤科学	特殊教育学院	理论类
3	0730611051	手语与盲文	特殊教育学院	理论类
4	0730612051	手语与盲文	特殊教育学院	理论类
5	0730615044	针灸临床治疗学	特殊教育学院	理论类
6	0730615033	中医推拿临床见习	特殊教育学院	实践类
7	0730615050	医学英语	特殊教育学院	外语类
8	0730611024	认识实习Ⅱ	特殊教育学院	实践类
9	0731946008	高职英语Ⅱ	应用科技学院	外语类
10	0731946039	高职英语Ⅳ	应用科技学院	外语类
11	0730611047	学习障碍儿童教育	特殊教育学院	理论类

图 10-23　"课程安排"表

下拉列表中选择表"课程安排",然后单击"下一步"按钮。

(7) 在"SQL Server 导入和导出向导"窗口中选择"立即执行"复选框,然后单击"下一步"按钮。完成导出数据的向导设置后,在"SQL Server 导入和导出向导"窗口中单击"完成"按钮。

(8) 导出数据操作完成后,弹出执行成功的对话框提示成功。

(9) 刷新"教学管理"数据库表,可以看到新导入的表。

习题 10

1. 将 SQL Server 数据库"教学管理中"所有的表分别导出为文本文件、Access 数据库和 Excel 数据表。

2. 利用文本文件、Access 数据库和 Excel 数据表创建 SQL Server 数据库。

第 **11** 章

SQL Server 代理服务

◆ **技能要求**

1. 掌握 SQL Server 代理服务的基本概念；
2. 掌握配置和启动 SQL Server 代理服务的方法；
3. 掌握作业管理、警报管理和操作员管理的使用方法。

11.1 【实例 20】创建作业

◎ **实例说明**

启动 SQL Server 代理服务，设置其代理服务，创建"操作员"，名称为"王爱诚"，创建
"备份 master 数据库"作业，并完成设置。

📖 **实例操作**

1. 启动 SQL Server 代理服务

启动 SQL Server Management Studio，打开
SQL Server Management Studio 窗口，并使用
Windows 或者 SQL Server 身份验证建立连接。
右击"SQL Server 代理"，在弹出的快捷菜单中选
择"启动"命令，如图 11-1 所示。

2. 配置 SQL Server 代理服务属性

在对象资源管理器中右击"SQL Server 代理"
选项，在弹出的快捷菜单中选择"属性"命令，打开
"SQL Server 代理属性"对话框，如图 11-2 所示。
在该对话框中，可以设置服务启动账户、重新启动
服务和 SQL Server 连接方式等。

3. 创建操作员

右击"操作员"，在弹出的快捷菜单中选择"新

图 11-1　选择"启动"命令

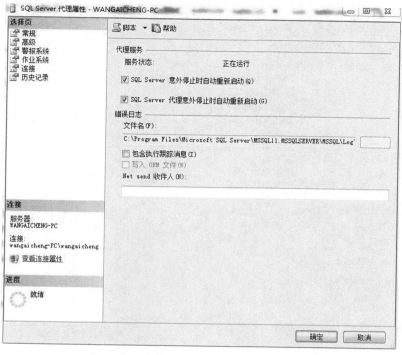

图 11-2　"SQL Server 代理属性"对话框

建操作员"命令,如图 11-3 所示。将会打开"新建操作员"对话框,如图 11-4 所示。

- 在"姓名"文本框中输入新建操作员的名称"王爱诚",在"电子邮件名称"文本框中输入操作员的电子邮件地址,例如"aicheng@126. com"。
- 在"寻呼电子邮件名称"文本框中输入操作员寻呼服务的寻呼地址"aicheng@126. com"。
- 设置"寻呼值班计划"。选择"周一至周五"通知操作员,时间设为"8：00"开始至"18：00"结束。
- 选择"通知"选项,将会打开如图 11-5 所示的界面,在"按以下方式查看发送给此用户的通知"选项组中可以选择"警报"单选按钮。

4. 创建作业

(1) 右击"作业",在弹出的快捷菜单中选择

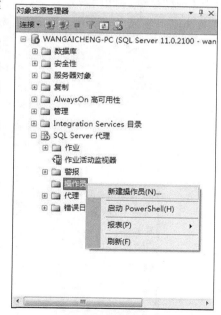

图 11-3　新建操作员列表

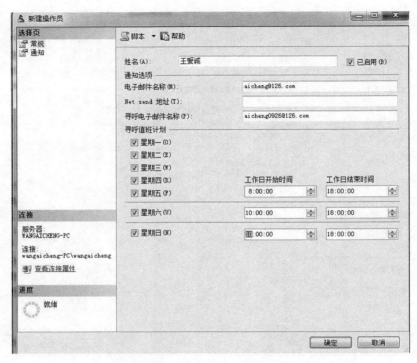

图 11-4　"新建操作员"对话框（"常规"选项）

"新建作业"命令，弹出"新建作业"对话框，如图 11-6 所示。分别在"名称"、"类别"、"说明"文本框中输入"backup_master"、"数据库维护"、"备份 master 数据库"。

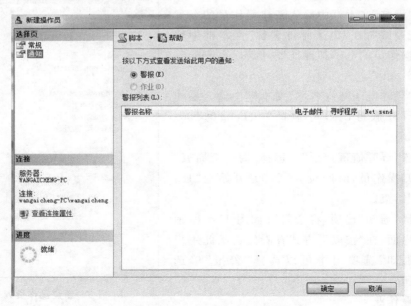

图 11-5　"新建操作员"对话框（"通知"选项）

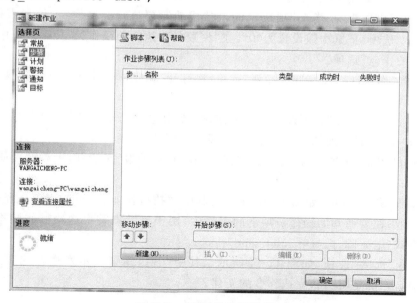

图 11-6　"新建作业"对话框

（2）设置"作业步骤"，单击"步骤"选项，将打开"新建作业属性（步骤）"界面，如图 11-7所示。单击"新建"按钮，出现如图 11-8 所示的"新建作业步骤（常规）"对话框。在"步骤名称"文本框中输入"备份"，"类型"选择"Transact-SQL 脚本（T-SQL）"，"数据库"选择master，"命令"文本框中输入以下语句：

```
use master
exec sp_addumpdevice 'disk',
```

图 11-7　"新建作业"对话框

```
'master 备份',
'D:\master 备份.bak'
backup database 教学管理 to master 备份
```

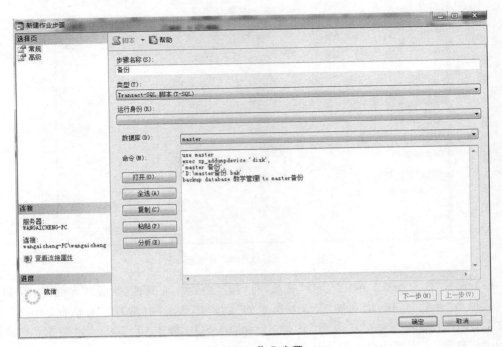

图 11-8　作业步骤

（3）单击"高级"选项后，会打开如图 11-9 所示的对话框。其中显示的内容是由"常规"选项卡中用户选择的"类型"项决定的，在"成功时要执行的操作"下拉列表框中选择"转到下一步"选项，重试次数设置为"0"，在"失败时要执行的操作"下拉列表框中选择"退出报告失败的作业"选项。

（4）设置"作业计划"。单击"计划"选项，将打开"新建作业计划"对话框，参数设置如图 11-10 所示。

（5）设置"作业通知"。可以为现有的作业设置作业执行状态通知，单击"通知"选项，将打开"新建作业属性（通知）"对话框，参数设置如图 11-11 所示。

（6）选择"警报"选项，单击"添加"按钮，打开"新建警报"对话框，参数设置如图 11-12 所示。

（7）选择"响应"选项，如图 11-13 所示。其中，"执行作业"下拉框用于选择出现警报时执行的作业；在要通知的操作员项下的表格中，用于显示把警报送给哪些操作者，并定义以哪种方式（电子邮件、寻呼、Net send）传送。

（8）选择"选项"选项，如图 11-14 所示。其中"警报错误文本发送方式"为"电子邮件"方式。单击"确定"按钮，完成作业的新建。

图 11-9　"新建作业步骤'高级'"对话框

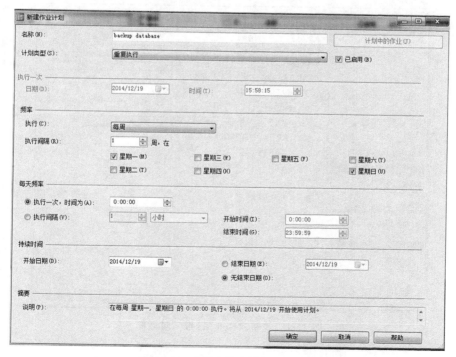

图 11-10　"新建作业计划"对话框

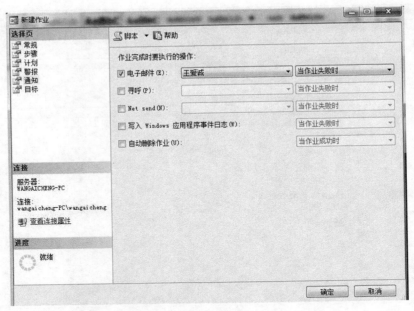

图 11-11 "新建作业'通知'"对话框

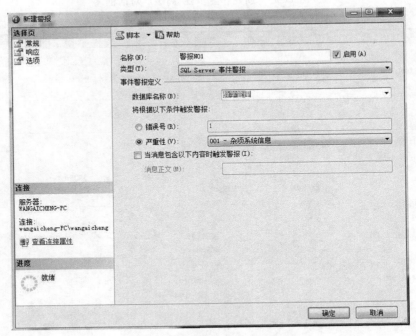

图 11-12 "新建作业'警报'"对话框

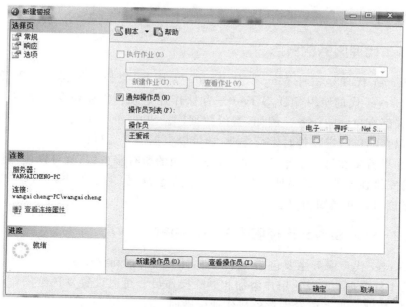

图 11-13　"新建警报'响应'"对话框

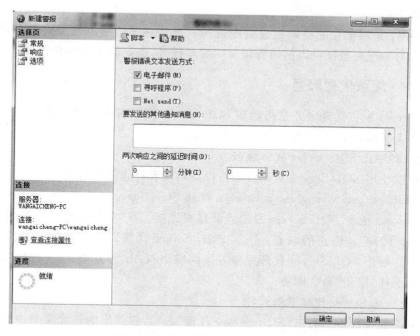

图 11-14　"新建警报'选项'"对话框

知识学习

11.1.1 代理服务的概念

SQL Server 代理是一种 Microsoft Windows 服务,它执行安排的管理任务,即"作业"。SQL Server 代理使用 SQL Server 来存储作业信息。作业包含一个或多个作业步骤,每个步骤都有自己的任务。例如,备份数据库。SQL Server 代理可以按照计划运行作业,也可以在响应特定事件时运行作业,还可以根据需要运行作业。

例如,如果希望在每个工作日下班后备份公司的所有服务器,就可以使该任务自动执行。将备份安排在星期一到星期五的 22:00 之后运行,如果备份出现问题,SQL Server 代理可记录该事件并通知用户。

11.1.2 SQL Server 代理服务的基本内容

SQL Server 代理服务主要包括 3 个组件:作业、警报和操作员。

(1) 操作员管理:可以让用户添加和删除操作员。可以设置发送给操作员的系统工作状态信息,特别是当系统发生意外或作业失败时。

(2) 作业调度:可以管理作业的执行。定时作业将根据其时间规定执行,用户可以添加和删除作业。

(3) 警报:是根据性能监视器进行配置的。当某些被监视的性能降低时,系统将发出警报。恰当地配置警报可以精简管理员的管理任务,提高管理效率和管理水平。

11.1.3 配置代理服务

SQL Server 配置代理服务是指通知 SQL Server 代理服务在哪些情况下需要向管理人员或操作人员报告信息,以保障系统的安全运行。

1. 启动和中止 SQL Server 代理服务

我们可以使用 SQL Server 对象资源管理器启动和停止代理服务。

启动 SQL Server Management Studio,打开 SQL Server Management Studio 窗口,并使用 Windows 或者 SQL Server 身份验证建立连接。在"对象资源管理器"中可以看到"SQL Server 代理"是停止的状态,右击"SQL Server 代理",在弹出的快捷菜单中选择"启动"命令。终止 SQL Server 代理服务方法同启动,右击"SQL Server 代理",在弹出的快捷菜单中选择"停止"命令即可。

2. 配置 SQL Server 代理服务属性

在对象资源管理器中右击"SQL Server 代理"选项,在弹出的快捷菜单中选择"属性"命令,打开"SQL Server 代理属性"对话框。在该对话框中,可以设置服务启动账户、重新启动服务和 SQL Server 连接方式等。

(1) "常规"选项

使用此选项可以查看和修改 Microsoft SQL Server 代理服务的常规属性。

① 服务状态:显示 SQL Server 代理服务的当前状态。

② SQL Server 意外停止时自动重新启动：如果 SQL Server 意外停止，SQL Server 代理将重新启动 SQL Server。

③ SQL Server 代理意外停止时自动重新启动：如果 SQL Server 代理意外停止，SQL Server 将重新启动 SQL Server 代理。

④ 文件名：指定错误日志的文件名。

⑤ 包含执行跟踪消息：在错误日志中包含执行跟踪消息。跟踪消息提供了 SQL Server 代理操作的详细信息。因此，在选中此选项时，日志文件需要更多的磁盘空间。只有在排除与 SQL Server 代理有关的问题时才需要选中此选项。

⑥ 写入 OEM 文件：以非 Unicode 文件的形式编写错误日志文件。这可以减少日志文件占用的磁盘空间量。不过，如果启用此选项，读取包含 Unicode 数据的消息时会有一定的难度。

⑦ Net send 收件人：输入操作员的名称，该操作员负责接收针对 SQL Server 代理写入日志文件的消息的 net send 通知。

（2）"高级"选项

"高级"选项如下所述。

① SQL Server 事件转发：此类别中的选项可用来激活和配置事件转发功能。

② 将事件转发到其他服务器：将 SQL Server 代理事件转发到其他服务器。

③ 服务器：选择要将事件转发到的服务器的名称。

④ 未处理的事件：仅将未处理的事件转发到指定的服务器。SQL Server 代理仅转发警报未对其响应的事件。

⑤ 所有事件：转发所有事件。当本地实例中的某个警报响应该事件时，SQL Server 代理将转发该事件并处理此警报。

⑥ 如果事件的严重性不低于：仅转发严重级别不低于指定级别的事件。

⑦ 空闲 CPU 条件：此类别中的选项定义一些条件，在这些条件下，SQL Server 代理运行那些"空闲 CPU"计划安排的作业。

⑧ 定义空闲 CPU 条件：定义 SQL Server 代理认为 CPU 处于空闲状态的条件。

⑨ CPU 平均使用率低于：CPU 平均使用率，在低于该使用率时，CPU 被认为处于空闲状态。

⑩ 并且保持低于此级别：CPU 平均占用时间量必须低于指定的级别，SQL Server 代理才可按照"空闲 CPU"计划运行作业。

（3）"警报系统"选项

"警报系统"选项如下所述。

① 邮件会话：此部分中的选项用于配置 SQL Server 代理邮件。

② 启用邮件配置文件：启用 SQL Server 代理邮件。默认情况下，不启用 SQL Server 代理邮件。

③ 邮件系统：设置 SQL Server 代理要使用的邮件系统。建议使用数据库邮件。

④ 邮件配置文件：设置 SQL Server 代理要使用的配置文件。如果使用的邮件系统是数据库邮件，则还可以选择"＜新建数据库邮件配置文件…＞"创建新的配置文件。

⑤ 测试：使用指定的邮件系统和邮件配置文件发送测试消息。当 SQL Mail 是邮件系统时此功能可用。

⑥ 寻呼电子邮件：使用此部分中的选项，可以配置发送给寻呼地址的电子邮件，以便与用户的寻呼系统协同工作。

⑦ 寻呼电子邮件的地址格式：使用此部分选项，可以指定包含在寻呼电子邮件中的地址和主题行的格式。

⑧ "收件人"行：指定邮件的"收件人"行的选项。

⑨ 前缀：对于要发送给寻呼程序的邮件，输入系统要求在"收件人"行开头显示的任何固定文本。

⑩ 寻呼程序：在前缀和后缀之间包括邮件的电子邮件地址。

⑪ 后缀：对于要发送给寻呼程序的邮件，输入寻呼系统要求在"收件人"行末尾显示的任何固定文本。

⑫ "抄送"行：指定邮件的"抄送"行的选项。

⑬ 前缀：对于要发送给寻呼程序的邮件，输入系统要求在"抄送"行开头显示的任何固定文本。

⑭ 寻呼程序：在前缀和后缀之间包括邮件的电子邮件地址。

⑮ 后缀：对于要发送给寻呼程序的邮件，输入寻呼系统要求在"抄送"行末尾显示的任何固定文本。

⑯ 主题：指定邮件主题的选项。

⑰ 前缀：对于要发送给寻呼程序的邮件，输入寻呼系统要求在"主题"行开头显示的任何固定文本。

⑱ 后缀：对于要发送给寻呼程序的邮件，输入寻呼系统要求在"主题"行末尾显示的任何固定文本。

⑲ 在通知消息中包含电子邮件正文：在要发送给寻呼程序的消息中包含电子邮件的正文。

⑳ 防故障操作员：使用此部分选项，可以指定防故障操作员的选项。

㉑ 启用防故障操作员：指定防故障操作员。

㉒ 操作员：设置要接收防故障通知的操作员的名称。

㉓ 通知方式：设置用于通知防故障操作员的方式。

㉔ 标记替换：使用此选项，可以启用作业步骤标记，这些标记能够用于由 SQL Server 代理警报运行的作业。选中此复选框可以为由 SQL Server 警报激活的作业启用标记替换。

（4）"作业系统"选项

① 关闭超时间隔（秒）：指定 SQL Server 代理在关闭作业之前等待作业完成的秒数。如果在指定间隔之后作业仍在运行，则 SQL Server 代理将强制停止该作业。

② 使用非管理员代理账户：设置 SQL Server 代理的非管理员代理账户。Microsoft SQL Server 2008 支持多个代理，所以仅当管理 SQL Server 2008 之前的 SQL Server 代理版本时，此选项才适用。

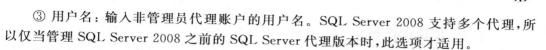

③ 用户名：输入非管理员代理账户的用户名。SQL Server 2008 支持多个代理，所以仅当管理 SQL Server 2008 之前的 SQL Server 代理版本时，此选项才适用。

④ 密码：输入非管理员代理账户的用户密码。SQL Server 2005 支持多个代理，所以仅当管理 SQL Server 2005 之前的 SQL Server 代理版本时，此选项才适用。

⑤ 域：输入非管理性代理账户的用户域。SQL Server 2008 支持多个代理，所以仅当管理 SQL Server 2008 之前的 SQL Server 代理版本时，此选项才适用。

（5）"连接"选项

① 本地主机服务器别名：指定用来连接 SQL Server 的本地实例的别名。如果无法使用 SQL Server 代理的默认连接选项，请为相应的实例定义一个别名，并在此处指定该别名。

② 使用 Windows 身份验证：将 Microsoft Windows 身份验证设置为连接 SQL Server 实例时使用的身份验证方法。SQL Server 代理按运行 SQL Server 代理服务的账户的身份进行连接。

③ 使用 SQL Server 身份验证：将 SQL Server 身份验证设置为连接 SQL Server 实例时使用的身份验证方法。

（6）"历史记录"选项

① 限制作业历史记录日志的大小：对 SQL Server 代理在日志中保留的作业历史记录信息量设置限制。

② 作业历史记录日志的最大大小（行）：设置 SQL Server 代理保留的最大行数。如果日志包含的行数增大到此数值，则在输入新行时 SQL Server 代理会删除日志中最早的行。

③ 每个作业的最大作业历史记录行数：设置 SQL Server 代理为每个作业保留的最大行数。如果特定作业历史记录包含的行数增大到此数值，则在输入新行时 SQL Server 代理会删除日志中最早的行。

④ 自动删除代理历史记录：指定 SQL Server 代理将自动删除在日志中保留的时间超过指定时间长度的项。这是用于删除历史记录的一次性的执行操作。如果更喜欢重复执行的作业，则创建并计划具有清除作业的维护计划。

⑤ 保留时间超过：设置 SQL Server 代理将保留项多久。

11.2 操作员管理

操作员是接收 SQL Server 代理服务发送消息的用户，它的基本属性包括姓名和联系信息。在 SQL Server 中可以通过邮件、寻呼或网络传送等方式来把警报消息通知给操作员，从而让其了解系统处于哪种状态或发生了什么事件。

① 电子邮件：发送电子邮件需要遵从 MAPI-1 的电子邮件客户程序。SQL Server 代理程序需要一个有效的邮件配置文件才能发送电子邮件。

② 寻呼机：第三方发送消息的软件或硬件。

③ net send：通过网络发送系统消息。

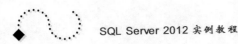

11.2.1 创建操作员

（1）在"对象资源管理器"的"对象资源管理器"中展开"SQL Server 代理程序"项，双击"操作员"选项，可以查看当前数据库中的操作员列表。

（2）右击"操作员"，在弹出的快捷菜单中选择"新建操作员"命令，将会打开"新建操作员属性（常规）"对话框。

（3）在"名称"文本框中输入新建操作员的名称，如果要通过电子邮件通知操作员，则在"电子邮件名称"文本框中输入操作员的电子邮件地址；如果要通过 Net send 通知操作员，则在"Net send 地址"文本框中输入操作员的 Net send 地址；如果要通过寻呼来通知操作员，则在"寻呼电子邮件名称"文本框中输入操作员寻呼服务的寻呼地址。

（4）设置"寻呼值班计划"。"星期一"至"星期日"用来设置寻呼程序在一周中的哪些天处于活动状态。例如，选择"周1至周5"通知操作员。"工作日开始"选择一天之中的特定时间，SQL Server 代理在该时间之后才可向寻呼程序发送消息，例如，时间设为"8：00"。"工作日结束"选择一天之中的特定时间，SQL Server 代理在该时间之后不再向寻呼程序发送消息，例如"17：30"，代理程序将从周1至周5上午8：00到下午5：30通知操作员。

（5）单击"通知"选项，将会打开对话框，在"按以下方式查看发送给此用户的通知"选项组中可以选择"警报"或"作业"单选按钮。"警报"是查看实例中的警报，"作业"是查看实例中的作业，这些信息将显示在"警报列表"中。

（6）设置完成后，单击"确定"按钮即可创建新的操作员。

11.2.2 修改和删除操作员

1. 修改操作员

在"对象资源管理器"的"对象资源管理器"中展开"SQL Server 代理程序"项，双击"操作员"，可以查看当前数据库中的操作员列表，右击"操作员名称"，在弹出的快捷菜单中选择"属性"命令，打开"操作员属性"对话框，可以修改操作员的属性。

2. 删除操作员

右击"操作员名称"，在弹出的快捷菜单中选择"删除"命令，打开"删除操作员"对话框，如图 11-11 所示。对于已经分配给指定操作员的警报，用户可以选择将其重新分配给其他操作员，也可以将其直接删除。在对话框的下部，列出了当前操作员对应的警报和作业。

11.3 作业管理

11.3.1 创建作业

作业是由 SQL Server 代理程序按顺序执行的一系列指定的操作，它可以执行非常广泛的操作，包括运行 T-SQL 脚本、命令行应用程序和 Active X 脚本。管理员可以创建作业来执行经常重复和可调度的任务,并且作业可产生警报以通知管理员作业的状态。

创建作业的操作步骤如下所述。

(1)在"对象资源管理器"的"对象资源管理器"中展开"SQL Server 代理程序",双击"作业",可以查看当前数据库中的作业列表。

(2)右击"作业",在弹出的快捷菜单中选择"新建作业"命令,弹出"新建作业属性"对话框。分别在"名称"、"类别"、"说明"文本框中输入相应的内容。

(3)作业的"常规内容"设置完成后,还需要设置"作业步骤",作业步骤是作业对一个数据库或者一个服务器执行的动作,因此每个作业至少要有一个步骤,必须先为作业创建一个步骤后,作业才可以保存。单击"步骤"选项,将打开"新建作业属性(步骤)"对话框。

(4)初始时步骤为空,用户可以单击"新建"按钮建立作业步骤。单击"新建"按钮,在"新建作业步骤(常规)"对话框的"步骤名称"文本框中输入"备份","类型"选择"Transact-SQL 脚本(T-SQL)","数据库"选择 master,"命令"中输入 T-SQL 语句。

类型下拉框的选项及含义如下。

① Active X 脚本:运行一个脚本语言程序。

② 操作系统命令:执行.exe、.cmd、.bat 文件。

③ 复制分发服务器:定义复制分发命令。

④ 复制合并:定义复制合并命令。

⑤ 复制快照:定义复制快照命令。

⑥ Transact-SQL 脚本(T-SQL):执行 T-SQL 语句命令。

(5)单击"高级"选项后,会出现"新建作业步骤(高级)"对话框,其中显示的内容是由"常规"选项卡中用户选择的"类型"项决定的,主要设置成功和失败操作所对应的处理方式。

其中"成功时要执行的操作"和"失败时要执行的操作"两项都有 3 个选择:"退出报告失败的作业"、"退出报告成功的作业"或"转到下一步";在"重试"项中用户可以设置重试的次数,当重试次数大于 0 时,还需要指定以分钟为单位的"重试间隔"。

(6)"作业步骤"的内容设置完成后,还需要设置"作业计划"。单击"计划"选项,将打开"新建作业属性(计划)"对话框,设置相应的参数。

(7)"作业计划"的内容设置完成后,还需要设置"作业通知"。可以为现有的作业设置作业执行状态通知,单击"通知"选项,将打开"新建作业属性(通知)"对话框,设置参数。

(8)选择"警报"选项,单击"添加"按钮,打开"新建警报"对话框,设置参数。

(9)选择"响应"选项,在"执行作业"下拉列表框用于选择出现警报时执行的作业;在要通知的操作员项下的表格中,用于显示把警报送给哪些操作者,并定义以哪种方式(电子邮件、寻呼、Net send)传送。

(10)选择"选项"选项,设置"警报错误文本发送方式"、"要发送的其他通知消息"、"两次响应之间的延迟时间",单击"确定"按钮即可创建一个新的作业。

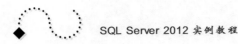

11.3.2 启动、停止和禁用作业

作业创建好后,可以通过调度运行,也可以手工控制其执行。如果一个作业已经根据调度开始执行,则在所调度的作业完成之前,无法在同一个服务器上再次手工执行该作业的另一个实例。

用户手工启动或停止一个作业的操作非常简单,只需要在作业列表中选择相应的作业,然后右击,在弹出的快捷菜单中选择"启动作业"或"停止作业"命令即可。作业在执行过程中也可以被停止,大多数情况下,当发出停止命令时,当前的作业步骤就会被取消,所有的重试逻辑都会被忽略。但有些作业步骤(一些长时间运行的 Transact-SQL 语句,如 BACKUP 等),可能不会对停止请求很快做出响应。当停止一个作业时,会在作业历史记录里记录一个作业已取消的条目。

如果不想按照调度的设置或禁止手工运行某个作业,则可以禁用它,方法是选中这个作业并右击,在弹出的快捷菜单中选择"禁用作业"命令。如果以后又想运行则再选择"启用作业"命令即可。

11.4 警报管理

11.4.1 警报的概念

警报可以用于响应潜在的问题(如填满事务日志)。当警报被触发时,通过电子邮件,寻呼或者 Net send 通知操作员,从而让操作员了解系统中发生了什么事件。可以定义一个警报,以便激活对特定的错误号或者属于特定严重级别的错误组的响应。

在 SQL Server 中利用警报管理器可创建两种类型的警报:事件警报和性能条件警报。

11.4.2 创建事件警报

(1) 在"对象资源管理器"的"对象资源管理器"中展开"SQL Server 代理程序",双击"警报",可以查看当前数据库中的警报列表。

(2) 右击"警报",在弹出的快捷菜单中选择"新建警报"命令,将会打开"新建警报"对话框,此对话框与作业管理中的"警报"对话框一样,在此不再介绍。

11.4.3 创建性能条件警报

性能警报是指当某一性能指数超过预定义的性能阈值时,性能警报就会被触发,通过在性能警报中定义的电子邮件或寻呼,就可以把相应的警告信息通知给管理员。创建性能警报的方法与创建事件警报相似,在"新建警报属性"对话框的"类型"中选择"SQL Server 性能条件警报"。在"性能条件警报定义"的"对象"和"计数器"中选择相应的值,在"如果是计数器则警报"中根据需要选择"低于"、"变得等于"或"高于"三个值,并在其后的"值"项中输入相应的数字。

11.4.4　修改和删除性能条件警报

在对象资源管理器中,右击一个警报,在弹出的快捷菜单中选择"属性"命令,打开"警报属性"对话框。删除警报与创建警报的过程相似,右击一个警报,在弹出的快捷菜单中选择"删除"命令,可以删除指定的警报。

实训 11

1. 目的与要求

(1) 掌握 SQL Server 代理服务的基本概念。

(2) 掌握配置和启动 SQL Server 代理服务的方法。

(3) 了解作业管理、警报管理和操作员管理的使用方法。

2. 实训准备

(1) 知识准备:了解 SQL Server 代理服务的基本概念。熟悉作业管理、警报管理和操作员管理的相关界面。

(2) 资料准备:数据库"教学管理"。

3. 实训内容

创建一个定时备份数据库的作业。要求定义每天晚上 18:00 自动对"教学管理"数据库进行完全备份,每天中午 12:00 差异备份。

习题 11

1. 简述什么是代理服务及代理服务的作用。

2. 简述创建作业的步骤。

附录 数据库设计说明书

案卷号	
日期	

<项目名称>
数据库设计说明书

作　者：_____

完成日期：_____

签 收 人：_____

签收日期：_____

修改情况记录：

版本号	修改批准人	修改人	安装日期	签收人

目　录

1 引言

1.1 编写目的

说明编写这份数据库设计说明书的目的,指出预期的读者范围。

1.2 背景

说明:

a. 待开发的数据库的名称和使用此数据库的软件系统的名称。

b. 列出本项目的任务提出者、开发者、用户以及将安装该软件和这个数据库的单位。

1.3 定义

列出本文件中用到的专门术语的定义和缩写词的原词组。

1.4 参考资料

列出要用到的参考资料,例如:

a. 本项目经核准的计划任务书或合同、上级机关的批文。

b. 属于本项目的其他已发表的文件。

c. 本文件中各处引用的文件、资料,包括所要用到的软件开发标准。

列出这些文件的标题、文件编号、发表日期和出版单位,说明能够得到这些文件资料的来源。

2 外部设计

2.1 标识符和状态

联系用途,详细说明用于唯一地标识该数据库的代码、名称或标识符,附加的描述性信息亦要给出。如果该数据库属于尚在实验中、尚大测试中或是暂时使用的,则要说明这一特点及其有效时间范围。

2.2 使用它的程序

列出将要使用或访问此数据库的所有应用程序,对于这些应用程序的每一个,给出它的名称和版本号。

2.3 约定

陈述一个程序员或一个系统分析员为了能使用此数据库而需要了解的建立标号、标识的约定,例如,用于标识数据库的不同版本的约定和用于标识库内各个文卷、记录、数据

286 项的命名约定等。

2.4　专门指导

　　向准备从事此数据库的生成、从事此数据库的测试、维护人员提供专门的指导,例如将被送入数据库的数据的格式和标准、送入数据库的操作规程和步骤,用于产生、修改、更新或使用这些数据文卷的操作指导。

　　如果这些指导的内容篇幅很长,列出可参阅的文件资料的名称和章条。

2.5　支持软件

　　简单介绍同此数据库直接有关的支持软件,如数据库管理系统、存储定位程序和用于装入、生成、修改、更新数据库的程序等。说明这些软件的名称、版本号和主要功能特性,如所用数据模型的类型、允许的数据容量等。列出这些支持软件的技术文件的标题、编号及来源。

3　结构设计

3.1　概念结构设计

　　说明本数据库将反映的现实世界中的实体、属性和它们之间的关系等的原始数据形式,包括各数据项、记录、系、文卷的标识符、定义、类型、度量单位和值域,建立本数据库的每一幅用户视图。

3.2　逻辑结构设计

　　说明把上述原始数据进行分解、合并后重新组织起来的数据库全局逻辑结构,包括所确定的关键字和属性、重新确定的记录结构和文卷结构、所建立的各个文卷之间的相互关系,形成本数据库的数据库管理员视图。

3.3　物理结构设计

　　建立系统程序员视图,包括:

　　a. 数据在内存中的安排,包括对索引区、缓冲区的设计。

　　b. 所使用的外存设备及外存空间的组织、包括索引区、数据块的组织与划分。

　　c. 访问数据的方式方法。

4　运用设计

4.1　数据字典设计

　　对数据库设计中涉及的各种项目,如数据项、记录、系、文卷、模式、子模式等一般要建立起数据字典,以说明它们的标识符、同义名及有关信息。在本节中要说明对此数据字典设计的基本考虑。

4.2　安全保密设计

　　说明在数据库的设计中,将如何通过区分不同的访问者、不同的访问类型和不同的数据对象,进行分别对待而获得的数据库安全保密的设计考虑。

参 考 文 献

[1] 刘健.SQL Server 数据库案例教程[M].北京：清华大学出版社,2008.

[2] Robin Dewson.SQL Server 2008 基础教程[M].董明,译.北京：人民邮电出版社,2009.

[3] 康会光.SQL Server 2008 中文版标准教程[M].北京：清华大学出版社,2009.

[4] 斯坦里克.SQL Server 2008 管理员必备指南[M].贾洪峰,译.北京：清华大学版社,2009.

[5] 姚一永,吕峻闽.SQL Server 2008 数据库实用教程[M].北京：电子工业出版社,2010.

[6] 祝红涛,李玺.SQL Server 2008 数据库应用简明教程[M].北京：清华大学出版社,2010.

[7] 闪四清.SQL Server 2008 基础教程[M].北京：清华大学出版社,2010.

[8] 郑阿奇.SQL Server 2008 应用实践教程[M].北京：电子工业出版社,2010.

[9] 刘琦曙.SQL Server 2008 数据库技术与应用[M].华中科技出版社,2010.

[10] 高晓黎,韩晓霞.SQL Server 2008 案例教程[M].北京：清华大学出版社,2010.

[11] 秦婧,刘存勇.21 天学通 SQL Server[M].北京：电子工业出版社,2011.

[12] 王英英,张少军.2012 SQL Server 从零开始学[M].北京：清华大学出版社,2012.

[13] 吴德胜,赵会东.SQL Server 入门经典[M].北京：机械工业出版社,2013.

[14] 孙岩.SQL Server 2008 数据库案例教程[M].北京：电子工业出版社,2014.

推荐网站：

[1] 脚本之家,http://www.jb51.net/article/8119.htm.

[2] 互动百科,http://www.baike.com/wiki/SQL＋Server＋2008.

[3] 百度百科,http://wenku.baidu.com/view/d4e41b2fb4daa58da0114ac2.html.

[4] 百度百科,http://wenku.baidu.com/view/aacdc137a32d7375a41780e8.html.

[5] 百度百科,http://wenku.baidu.com/view/e4e1392c453610661ed9f4c3.html.

[6] 天极网,ev.yesky.com/424/2220924.shtml.

[7] 微软 SQL server 2008 官网,http://www.microsoft.com/china/sql/2008/overview.aspx.